46 Nur keine Langeweile

Extras

Typisch Sittiche

Sittiche sind die bunten Flugkünstler unter den Papageien und heute aus der Welt der Heimtiere nicht mehr wegzudenken. Ihre Fähigkeit, sich neuen Situationen schnell anzupassen, und ihre fröhliche, neugierige und lebendige Art machten sie schon in der Antike zu begehrten Weggefährten.

Sittiche

AUTOR: RAINER NIEMANN | FOTOGRAF: OLIVER GIEL

Inhalt

Die Welt der Sittiche

Die Herkunft der Bezeichnung »Sittich« liegt etwas im Dunklen. Sie leitet sich vermutlich von dem lateinischen Wort *psittacus* (= Papagei) ab, das aus dem gleichbedeutenden altindischen *siptace* gebildet wurde. Eine strenge, wissenschaftliche Definition, welche der rund 385 Papageienarten zu den Sittichen zu zählen sind, gibt es nicht. Der Begriff »Sittich« wurde volkstümlich für all jene Papageien verwendet, die einen schlanken Körperbau aufweisen und dank ihrer langen, schmalen Flügel gute und wendige Flieger sind. Heute tragen 71 Arten aus Mittel- und Südamerika die Bezeichnung »Sittich« im Namen, in der Alten Welt (Afrika, Australien, Asien und Ozeanien) sind es 65 Spezies, darunter auch einer, der gar kein Sittich ist, sondern ein Kakadu: der Nymphensittich. Trotz aller Unterschiede im Aussehen, im Verhalten und in der Ernährung haben die Sittiche viele Gemeinsamkeiten.

Anpassungsfähige Opportunisten

Die meisten Arten sind erfolgreiche und robuste Papageien. Viele von ihnen zeichnen sich durch ihre große Anpassungsfähigkeit aus und haben in manchen Regionen sogar von den Aktivitäten der Menschen profitiert. Während ihre größeren Verwandten wie Aras oder Amazonen durch die Waldrodungen und den Siedlungsbau immer weiter zurückgedrängt wurden, nutzten viele findige Sittiche das neue und unbekannte Angebot an Nistmöglichkeiten und Futterpflanzen. So fallen sie etwa in Australien und Südamerika in Scharen auf Obstplantagen ein und lassen sich Mangos und Litschis schmecken oder plündern die Maisernte der Bauern. Die australischen Wüstenbewohner freuen sich über künstliche Wasserstellen und die Tovisittiche in Mittelamerika über die sicheren Schlafbäume mitten auf den Dorfplätzen.

Sittiche in ihrer natürlichen Heimat

Sittiche bewohnen in der Natur sehr unterschiedliche Lebensräume, bevorzugen aber in der Mehrheit offene Landschaften, wie lockere Baumsavannen oder Buschland mit vereinzelten Bäumen. In diesen Lebensräumen sind allerdings auch zahlreiche Greifvögel unterwegs, und die Sittiche haben relativ wenig sichere Deckung. Daher ist es für sie von überlebenswichtiger Notwendigkeit, gut, wendig und vor allem ausdauernd zu fliegen.

Artspezifische Eigenschaften

Flugkünstler Vor allem die australischen Arten wie die Rosellasittiche oder Singsittiche beeindrucken Beobachter, wenn sie mit atemberaubendem Tempo und abrupten Richtungswechseln sicher durch die Baumkronen manövrieren. Zusammenstöße mit Artgenossen oder Zweigen kommen zwar vor, sind aber die Ausnahme. Den meisten Sittichen ist der bekannte Spruch »Zum Fliegen geboren« buchstäblich auf den Körper geschrieben. Ihre stromlinienförmige Gestalt sowie die langen Schwung- und Steuerfedern deuten schon äußerlich darauf hin, dass sie wahre Flugakrobaten sind.

Genügsam Sittiche aus wüstenähnlichen Gebieten wie dem Westen Australiens benötigen ihre Ausdauer beim Fliegen auch zum Überwinden großer Distanzen, um von einem Futtergebiet zum nächsten zu gelangen. Fünfzig oder hundert Kilometer zurückzulegen ist für sie kein Problem. Die Tiere kommen überdies mit erstaunlich wenig Nahrung aus, sofern sie täglich trinken können. Diese Genügsamkeit der Wüstenbewohner führte dazu, dass sie im 19. Jahrhundert zu den ersten Importvögeln zählten, die sich in Europa fortpflanzten – das gilt vor allem für den Wellensittich, der aber nicht Bestandteil dieses Ratgebers ist.

Klettertauglich Einige Sittiche sind alles andere als elegante, wendige Flugkünstler. Die gedrungenen, kurzschwänzigen Katharinasittiche etwa be-

Sonnensittiche sind geschickte Flugakrobaten. Plötzliche Richtungswechsel und gewagte Flugmanöver sind für die temperamentvollen Südamerikaner kein Problem.

Ein Farbklecks in der Wohnung: Die bunten Schönsittiche sind anpassungsfähige und genügsame
Pfleglinge mit einem ausgeprägten Flugbedürfnis.

Bestimmungen **zum Artenschutz**

KENNZEICHNUNG Alle Sittiche müssen eindeutig mit einem amtlichen Ring gekennzeichnet sein.
So können Sie als Halter ihre legale Herkunft nachweisen. Finger weg von Vögeln, die nicht oder nicht
ordnungsgemäß beringt sind. Sonst lässt sich weder beweisen, dass Sie den Vogel legal gekauft
haben, noch erlangen Sie die wichtigen Gewähr-
leistungsrechte, die Ihnen als Tierkäufer zustehen.

MELDEPFLICHT Da die meisten Sittiche in Europa
gezüchtet werden, sind viele Arten (vor allem die
australischen) in Deutschland von der behördli-
chen Meldepflicht befreit. Halter von südamerikanischen Arten müssen ihre Tiere jedoch meist
beim zuständigen Amt anmelden.

wohnen die unzugänglichen Bergwälder der Anden.
Im dichten Laub der Baumkronen führen sie ein
verborgenes Leben, über das man bis heute fast
nichts weiß. Anstatt energiezehrend zu fliegen, klettern diese Vögel behände wie gefiederte Mäuse im
Geäst umher. Ihre Füße sind aufgrund dieser Lebensweise deutlich größer als die ihrer Verwandten in
den Tieflandsavannen Australiens oder Südbrasi-
liens. Katharinasittiche fliegen zwar geradlinig und
flink von Baum zu Baum, doch das blitzschnelle Kur-
venfliegen oder Sinkflüge auf den Boden wird man
bei ihnen nicht zu Gesicht bekommen.

Gut zu Fuß Ziegen- und Springsittiche werden aus
gutem Grund als »Laufsittiche« bezeichnet. Mit den
riesigen Füßen und langen Krallen sind sie die ein-
zigen Papageien, die kopfabwärts klettern können,
ohne den Schnabel zu Hilfe nehmen zu müssen.
Die Vögel leben in kühlen Klimazonen in Neuseeland und sogar auf subantarktischen Inseln ohne
Bäume, auf denen eisige Stürme über die Gras-
landschaft fegen. Hier sind flinke Fußgänger eindeutig im Vorteil, und keine Sittichgruppe ist in dieser Hinsicht flotter unterwegs als die Laufsittiche.
Fliegen können die Tiere aber trotzdem sehr gut.

Anpassungsfähig Südamerikanische Sittiche sind
in Bezug auf ihren Lebensraum oft verblüffend
anpassungsfähig. Die Rodung der Tropenwälder
und Umwandlung ganzer Regionen in Acker- oder
Weideland hat ihnen eher genutzt als geschadet.
Die geselligen Vögel arrangieren sich mit dem, was
das Umfeld ihnen anbietet, und brüten nicht selten
in der Nähe von Siedlungen oder sogar innerhalb
von Städten und Dörfern. Eine ähnlich erfolgreiche
Strategie haben die Halsbandsittiche verfolgt. Sie
stammen ursprünglich aus Indien und von Sri Lanka,
sind aber heute auch in Mitteleuropa als fest einge-
bürgerte Exoten verbreitet.

Platycercus eximius

Rosellasittich

Größe 30 cm. **Verbreitung** Küstennahe Regionen Südostaustraliens und Tasmaniens. **Natürlicher Lebensraum** Baumsavannen, offene Wälder, Weideland mit vereinzelten Bäumen, Parkanlagen und Gärten. **Haltung** Robuster, lebhafter Sittich mit sehr großem Bewegungsdrang; eine Freivoliere ist von Vorteil. Der Vogel schließt sich schnell dem Pfleger an. **Futter** Körnermischung aus überwiegend feinen, fettarmen Samen. Die Vögel schätzen Futter aus der Natur (z. B. Vogelmiere, Löwenzahn, Wildgräserrispen, saftiges Gemüse und Obst). In geringen Mengen können tierische Futterstoffe wie Mehlkäferlarven (»Mehlwürmer«) gereicht werden. **Besonderheiten** Rosellasittiche sind mäßig laut und keine übermäßig starken Nager. In zu kleinen Gehegen verfetten sie leicht. Sie haben ein stark ausgeprägtes Badebedürfnis. Paare verhalten sich in der Brutzeit mitunter auffällig aggressiv gegenüber anderen Vögeln.

Cyanoramphus novaezelandiae

Ziegensittich

Größe 27 cm. **Verbreitung** Beide Hauptinseln von Neuseeland und einige küstennahe Inseln. **Natürlicher Lebensraum** Waldgebiete in allen Höhenlagen, gelegentlich Buschland oder dichtes Grasland mit lockerem Baumbewuchs. **Haltung** Ziegensittiche können ganzjährig eine Freivoliere nutzen, ein frostfreies Schutzhaus ist aber unverzichtbar. **Futter** Eine Mischung aus feinen, fettarmen Samen und reichlich Futter aus der Natur (Obst, Beeren, Gemüse, Grünfutter), in Maßen tierische Futterstoffe wie Insektenweichfutter und Mehlkäferlarven. Die Vögel nagen gern an frischen Zweigen. **Besonderheiten** Sehr aktive Sittiche, die selten längere Ruhephasen einlegen. Die Vögel sind nicht nur sehr wendige Läufer, sondern auch äußerst geschickte Kletterer. Männchen und Weibchen lassen sich äußerlich kaum unterscheiden. Ziegensittiche werden früh geschlechtsreif und sind sehr fruchtbar. Ihre Gelege können aus vier bis neun Eiern bestehen.

Neophema pulchella
Schönsittich

Größe 20 cm. **Verbreitung** Küstenregion Ostaustraliens. **Natürlicher Lebensraum** Waldgebiete, Baumsavannen und Flussuferwälder. **Haltung** Unkomplizierter und geselliger Heimvogel mit leiser, melodischer Stimme. Er benötigt einen Schlafkasten; eine Freivoliere ist von Vorteil. **Futter** Eine Mischung aus kleinen, fettarmen Samen, angereichert mit Wildkräutersamen und Grünpflanzen aus der Natur, z.B. Hagebutten, Vogelmiere, Vogelknöterich, Ampfer. Die Vögel fressen gerne am Boden, daher sind bei kombinierter Außenhaltung Wurmkuren unverzichtbar. **Besonderheiten** Schönsittiche werden auch in der Gruppe sehr zutraulich. Sie können in der Regel mit Zebrafinken und anderen kleinen Vogelarten vergesellschaftet werden. Eine gemischte Haltung mit anderen Grassittichen ist dagegen nicht empfehlenswert, da die Schönsittich-Männchen in der Balz sehr aggressiv werden können.

Neopsephotus bourkii
Bourkesittich

Größe 19 cm. **Verbreitung** Landesinnere von Süd- und Zentralaustralien. **Natürlicher Lebensraum** Trockenes, zum Teil auch halbwüstenartiges Buschland oder offene Strauchsavanne. **Haltung** Unkomplizierter und geselliger Pflegling mit leiser Stimme und gering ausgeprägtem Nagebedürfnis. Der Sittich ist kälteempfindlich und kann daher nur bedingt in einer Freivoliere gehalten werden. **Futter** Energiearme Körnerfuttermischung, reichlich Grünfutter und Futter aus der Natur einschließlich Knospen, Blüten, Beeren und Blätter. Der Vogel bevorzugt die Aufnahme feiner Grassamen direkt von der Rispe oder der Ähre, und er frisst gerne am Boden. **Besonderheiten** Friedfertiger Vogel, der gut mit anderen kleinen Sittichen (z.B. Wellensittichen) oder Finken (z.B. Zebrafinken) vergesellschaftet werden kann. Bourkesittiche sind dämmerungsaktiv und zum Teil sogar auch nachts munter.

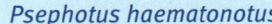

Psephotus haematonotus

Singsittich

Größe 27 cm. **Verbreitung** Süden des östlichen Australien, weniger häufig in Küstennähe. **Natürlicher Lebensraum** Offene Wälder, lockere Baumsavannen, Kultur- und Weideland, Parks und Gärten. **Haltung** Robuste, sehr aktive Sittiche, die viel Freiflug benötigen. Der Gesang der Männchen ist sehr melodisch und nicht laut. Die Vögel sind eifrige Nager und haben ein großes Badebedürfnis. Sie können in Freivolieren gehalten werden und suchen gerne am Boden nach Nahrung. **Futter** Körnermischung aus kleinen Samen (ohne Hanf, Kardi und Sonnenblumenkernen), viel Grünfutter und Futter aus der Natur (z. B. Vogelmiere, Knospen, Blüten, Beeren). Die Vögel mögen Gemüse und Obst mit kräftigem Fruchtfleisch. Gelegentlich kann man tierische Futterstoffe reichen. **Besonderheiten** Die Paarbindung wird während der Balz- und Brutzeit sehr intensiv, die Männchen zeigen dann ein ausgeprägtes Territorialverhalten.

Bolborhynchus lineola

Katharinasittich

Größe 16 cm. **Verbreitung** Lückenhafte Verbreitung in den Hochlagen von Südmexiko bis Nordbolivien. **Natürlicher Lebensraum** Offene Wälder, Baumsavannen bis 3000 Meter Höhe, Anbaugebiete, hochandine Nebelwälder; Baumkronenbewohner. **Haltung** Da die Vögel lieber klettern als fliegen, muss die Voliere mit zahlreichen Ästen ausgestattet werden. Die sehr geselligen Papageien sind robust, aber sehr frostempfindlich. **Futter** Energiearme Körnermischung aus feinen Samen, viel Grünfutter, Gemüse, Futter aus der Natur (z. B. Vogelmiere, Gräser, Löwenzahn), Obst mit weichem Fruchtfleisch (z. B. Kaktusfeige) und frische Zweige. **Besonderheiten** Die Winzlinge unter den Sittichen zeigen ein ruhiges Verhalten, können aber bei Erregung schrill und laut rufen. Die Vögel sind schlechte Flieger und benötigen viele sichere Anflugstellen. Nachts brauchen sie Schlafkästen als Rückzugsmöglichkeit.

Brotogeris chiriri

Kanarienflügelsittich

Größe 22 cm. **Verbreitung** Ost- und Südbrasilien, Bolivien, Paraguay, Nordargentinien. **Natürlicher Lebensraum** Offene, trockene Tieflandwälder, Sekundärwälder, Rodungsflächen, Parks, Gärten. **Haltung** Harte, ausdauernde Pfleglinge, die sich nur in der Gruppe wohlfühlen und sich schnell dem Halter anschließen. Bei großen Gehegen ist eine Vergesellschaftung mit anderen Arten möglich. Die Vögel haben ein geringes Nage-, aber ein großes Badebedürfnis. Sie sind sehr kälteempfindlich. **Futter** Die anspruchsvolle Art benötigt wenig Körnerfutter, dafür aber sehr viel Obst (z. B. Apfel, Papaya, Banane, Mango) und Gemüse (z. B. Gurke, Chicorée) sowie Grünfutter (Kräuter) und Futter aus der Natur (z. B. Vogelmiere, Vogelknöterich, Löwenzahn, Wildgräser). **Besonderheiten** Kompakte, kleine Sittiche, deren schrille Stimme nicht unangenehm ist. Als sehr gesellige Tiere brauchen diese Vögel ein großes Platzangebot.

Aratinga solstitialis

Sonnensittich

Größe 30 cm. **Verbreitung** Nordwesten Südamerikas, von Ostvenezuela bis zur Amazonasmündung. **Natürlicher Lebensraum** Trockene, offene Landschaften mit lockerem Baumbewuchs, Baumsavannen, Weideland mit vereinzelten Büschen und Sträuchern. **Haltung** Die Pflege der lebhaften, neugierigen Vögel ist einfach, wenn man ihnen viel Platz zum Fliegen, reichlich frische Äste und regelmäßig Bademöglichkeiten anbietet. Eine Freivoliere ist von Vorteil. **Futter** Körnermischung mit wenigen fettreichen Samen (z. B. Kardi), viel Futter aus der Natur (z. B. Hagebutten, Vogelmiere und Wildgräserrispen) sowie Gemüse (z. B. Paprika, Möhren) und Obst (z. B. Feigen, Mangos). In der Aufzuchtzeit mögen die Sonnensittiche tierische Futterstoffe. **Besonderheiten** Sehr gesellige, umtriebige Vögel, die überall mit dabei sein wollen. Die vor allem morgens und abends vorgetragenen schrillen Rufe können sehr laut sein.

Aratinga aurea

Goldstirnsittich

Größe 28 cm. **Verbreitung** Teile Brasiliens südlich des Amazonasgebiets bis Nordwestargentinien. **Natürlicher Lebensraum** Offene Savannen, trockene Buschlandschaften mit dornigen Sträuchern und Kakteen, in der Nähe von Siedlungen und Ackerflächen. **Haltung** Die kontaktfreudigen, intelligenten Vögel sind leicht zu pflegen, wenn sie genug Gelegenheit zum Nagen und Baden haben. Eine Außenvoliere ist von Vorteil. **Futter** Körnermischung mit wenigen fettreichen Samen (z. B. Kardi). Die Vögel lieben Futter aus der Natur (z. B. Löwenzahn, Hagebutte, Ebereschenbeeren, Weißdornbeeren, Obstbaumblüten) und saftiges Obst (z. B. Äpfel, Mangos). Tierische Futterstoffe in Maßen anbieten. **Besonderheiten** Die kleinen, wenig scheuen, aber ruffreudigen Vögel sind nicht so laut wie die übrigen Keilschwanzsittiche. Sie eignen sich nur bedingt für Vergesellschaftungen mit anderen südamerikanischen Sitticharten.

Pyrrhura molinae

Grünwangen-Rotschwanzsittich

Größe 26 cm. **Verbreitung** Zentrales Südamerika (Südostbolivien, Südwestbrasilien, Paraguay und Nordargentinien). **Natürlicher Lebensraum** Alle Arten von Wäldern mit niedrigen Bäumen und Sträuchern, im Hochland bis 3000 Meter Höhe. **Haltung** Die robusten, lebhaften Pfleglinge können anfangs schreckhaft sein. Sie benötigen für die Nacht einen Schlafkasten, der von mehreren Tieren genutzt wird. Eine große Voliere ist von Vorteil, da die Vögel sehr aktiv sind. **Futter** Körnermischung mit kleinem Anteil fettreicher Samen, viel Grünfutter, Beeren, Obst, Gemüse und frische Zweige. **Besonderheiten** In der Regel recht friedfertige Vögel, die bei großem Platzangebot mit anderen Sittichen vergesellschaftet werden können. Die Vögel sind meist ruhig, können aber bei Erregung sehr laut und schrill rufen. Sie sind früh geschlechtsreif und sehr fortpflanzungsfreudig. Das Gelege kann aus bis zu sieben Eiern bestehen.

Psephotus varius
Vielfarbensittich

Größe 27 cm. **Verbreitung** Landesinnere des westlichen, zentralen und südlichen Australien. **Natürlicher Lebensraum** Grassavannen mit vereinzelt stehenden Bäumen, Flussuferwälder, Kultur- und Weideland. **Haltung** Die robusten, aktiven Sittiche fliegen viel, daher ist eine große Freivoliere mit Naturboden von Vorteil. Die Tiere baden gerne im Regen; sie sind wenig scheu, mitunter aber schreckhaft. **Futter** Energiearme Körnermischung aus kleinen Samen, viel Grünfutter und Futter aus der Natur (z. B. Vogelmiere, Vogelknöterich, Beeren). Die Vögel mögen Keimfutter und die gelegentliche Gabe tierischer Futterstoffe wie Mehlkäferlarven. **Besonderheiten** Die Sittiche nagen gerne an Zweigen mit frischen Knospen, Blüten und Blättern. Ihre Lautäußerungen sind leise und melodisch. Auf Kälte reagieren diese Sittiche empfindlich. Die Nähe anderer Vögel tolerieren sie nur außerhalb der Brutzeit, in der Balz dagegen sind sie mitunter sehr aggressiv.

Psittacula krameri
Halsbandsittich

Größe 42 cm. **Verbreitung** Indien, Sri Lanka, nördliches Afrika. **Natürlicher Lebensraum** Trockene, offene Landschaften wie Dornbuschsavannen und tropische Trockenwälder. Die anpassungsfähigen Vögel kommen auch auf Kulturland und in Städten häufig vor. In Deutschland sind sie als Brutvögel in der Rheinebene eingebürgert. **Haltung** Robuste Tiere, bei ausreichender Bewegung unkomplizierte Pfleglinge. Eine Freivoliere ist anzuraten. **Futter** Körnermischung mit kleinem Anteil fettreicher Samen (z. B. Kardi); der Hauptbestandteil der täglichen Futterration sollte aus Obst (z. B. Beeren, Feigen, Trauben), Gemüse und Futter aus der Natur wie Hagebutten und frischen Zweigen bestehen. **Besonderheiten** Halsbandsittiche sind starke Nager. Die intelligenten Vögel baden gerne und brauchen viel Anregung in ihrer Umgebung. Sie können laut rufen. Die rasanten, wenig scheuen Flieger sind in der Brutzeit territorial.

Sittiche als Heimvögel

Da die Artenvielfalt an Sittichen beeindruckend groß ist, haben künftige Halter die Qual der Wahl. Es gibt viele farbenprächtige, gezüchtete Exoten, doch welche Art ist die richtige?

Welcher Sittich passt am besten?

Jede Art hat ihre ganz speziellen Eigenheiten. Überlegen Sie daher vor der Anschaffung genau, welcher Sittich am besten zu Ihnen und Ihrem Umfeld passt.

Lautstärke Sittiche gehören zu den lautesten Heimtieren. Es ist erstaunlich, wie mühelos ein winziger Sonnensittich seine schrillen, lärmenden Kreischlaute produzieren kann (unter Umständen über einen längeren Zeitraum), die das Trommelfell des Halters vibrieren lassen. Dieser Geräuschhagel ist nicht jedermanns Sache. Wer seine Vögel tierge-

Grünwangen-Rotschwanzsittiche leben in Gruppen und suchen den Kontakt zum Halter. In der Gemeinschaft fühlen sie sich sicher und geborgen.

recht pflegen möchte, darf ihnen aber das morgendliche und abendliche Rufkonzert nicht verwehren. Es gehört zum Wohlfühlverhalten einfach dazu. Halter mit empfindlichen Ohren – denken Sie dabei bitte auch an Ihre Nachbarn – sollten daher einen Bogen um die Keilschwanzsittiche machen. Wählen Sie lieber Grassittiche (Neophemen) oder Katharinasittiche. Ihre Kontaktrufe sind eher dezent und oft auch für menschliche Ohren recht melodisch. Sie werden mit ihren Lautäußerungen nicht einmal die sensibelsten Nachbarn stören.

Platzbedarf Gesellig und aktiv – so kennt man die Sittiche. Manche Arten wie die Ziegen- und Springsittiche sind ständig auf Achse und ziehen neugierig durch die Wohnung oder ihre Voliere, um nach neuen, spannenden Spielmöglichkeiten, verstecktem Futter oder geeigneten Bruthöhlen zu suchen. Sie brauchen also viel Platz, um ihr natürliches Verhalten ausleben zu können. Ist der verfügbare Platz in Ihrer Wohnung recht bescheiden, werden sich auch kraftvolle Flieger wie der Rosellasittich beengt fühlen. In kleineren Räumlichkeiten bieten sich in erster Linie die Kletterkünstler, also Katharinasittiche, als Alternative an.

Anhänglichkeit Überlegen Sie bitte auch, wie viel persönlichen Kontakt Sie zu Ihren geflügelten Freunden wünschen. Halter, die viel »Action« mögen und dabei gerne zum menschlichen »Schwarmmitglied« werden, schätzen Lauf- und Sonnensittiche, aber auch Kanarienflügelsittiche. Vor allem die Laufsittiche lieben einen intensiven Kontakt zu ihrem Pfleger und möchten überall mit dabei sein. Beim Freiflug hängen sie oft wie Kletten an der Kleidung. Ebenso binden die Halsbandsittiche ihren Pfleger

Die beliebtesten Sitticharten auf einen Blick

ARTEN	EIGENSCHAFTEN/ANSPRÜCHE	BEZUG ZUM HALTER
PLATTSCHWEIFSITTICHE Rosellasittich Pennantsittich	Sittichgattung aus Australien mit sehr bunten Vertretern; viele Farbschläge. Paarweise Haltung; Schlafkasten nötig.	Unkomplizierte, kontaktfreudige Sittiche, die vom Halter relativ viel Zeit und Aufmerksamkeit einfordern.
SINGSITTICHE Singsittich Vielfarbensittich	Dezente Schönheiten aus Australien, neugierig und charakterstark. Paarweise Haltung; Schlafkasten vorteilhaft.	Selbstbewusste Sittiche, die oft keinen engen Kontakt zum Halter schließen; selten scheu und ängstlich.
GRASSITTICHE Schönsittich Glanzsittich Bourkesittich	Gesellige kleine Sittiche aus Australien. Relativ leise und friedlich; Gruppenhaltung möglich.	Wenig scheue Sittiche, die in der Gruppe nur selten intensiven Kontakt zum Menschen aufbauen. Gut für die Zimmervolierenhaltung geeignet.
KEILSCHWANZSITTICHE Sonnensittich Jendayasittich Goldstirnsittich	Temperamentvolle Südamerikaner. Starke Nager mit gewaltiger Stimme. Paarweise Haltung; Schlafkasten nötig.	Die neugierigen Vögel benötigen viel Aufmerksamkeit von »ihren« Menschen und erobern neugierig jeden Winkel der Wohnung.
LAUFSITTICHE Ziegensittich Springsittich	Robuste und rastlose Kobolde, die ebenso gut laufen und klettern wie fliegen. Gruppenhaltung möglich.	Die Vögel werden auch in größerer Zahl sehr zahm und anhänglich.
EDELSITTICHE Halsbandsittich Großer Alexandersittich Pflaumenkopfsittich	Elegante Schönheiten mit großem Flugbedürfnis. Paarweise Haltung; Schlafkasten nötig.	Bauen nur bei sehr intensivem Kontakt ein enges Verhältnis zum Menschen auf; manche Vögel halten zeitlebens eine gewisse Distanz.
ROTSCHWANZSITTICHE Blaustirn- und Grünwangen-Rotschwanzsittich, Weißohrsittich	Kleine Sittiche aus dem tropischen Mittel- und Südamerika. Paarweise Haltung; Schlafkasten nötig.	Werden schnell zutraulich und binden ihre menschlichen Familienmitglieder intensiv in ihren Tagesablauf mit ein.
SCHMALSCHNABELSITTICHE Kanarienflügelsittich, Tovisittich, Weißflügelsittich	Anspruchsvolle Vogelzwerge aus Südamerika, eher für fortgeschrittene Sittichhalter zu empfehlen. Gruppenhaltung möglich; Schlafkasten nötig.	Ausgesprochen anhänglich; bei der Gruppenhaltung konzentrieren sich die Sittiche vor allem auf den Kontakt zu ihren Artgenossen.
DICKSCHNABELSITTICHE Katharinasittich Aymarasittich	Liebenswerte kleine Südamerikaner, die sich vor allem in größeren Gruppen wohlfühlen. Schlafkasten nötig.	Vögel suchen selten engen Kontakt zum Menschen. Sozialkontakte vor allem mit Artgenossen.

in ihre Tagesroutine mit ein, werden schnell zahm und freuen sich auf gemeinsame Spielzeit mit ihrem Halter. Bei den australischen Sittichen ist der Grad der Zutraulichkeit abhängig von den individuellen Charakterzügen des Vogels und der Anzahl der Artgenossen. Sie sind oft etwas reservierter. Ebenso belassen es Katharinasittiche häufig bei einer eher freundlichen Distanz zum Halter. Diese Arten fühlen sich vor allem in geräumigen Zimmervolieren wohl.

Bruttrieb Über Nacht kann es geschehen, dass ein Pärchen Sonnensittiche, das gestern noch lieb und anhänglich war, seinen Halter grimmig davon abhalten will, seinen eigenen Küchenschrank zu benutzen. Der Bruttrieb von Sittichpaaren kann mehrmals im Jahr enorm zunehmen und die fort-

pflanzungslustigen Vögel zur Verteidigung bestimmter Möbelstücke oder ganzer Wohnbereiche treiben. Hierzu gehören Sonnen-, Grünwangen-Rotschwanz-, Halsband- und Rosellasittiche. Bei den Lauf-, Katharina- und Grassittichen ist dieses Verhalten weniger intensiv zu beobachten, was bei Familien mit jüngeren Kindern von Vorteil ist. Denn diese können den plötzlichen »Sinneswandel« territorialer Vögel oft gar nicht verstehen.

Kosten für die Anschaffung

Der Preis für ein Sittichpaar liegt im erschwinglichen Rahmen. Kalkulieren Sie für die Erstausstattung einschließlich Käfig, Zubehör, Spielzeug und Futter aber mindestens das Dreifache der Kosten ein, die der Vogelkauf aufwirft.

Langjähriges Vergnügen

Bei guter Pflege können Sittiche durchaus ein Alter von 20 bis 30 Jahren erreichen. Nur Katharinasittiche werden selten älter als 15 Jahre. Bedenken Sie also bitte vor der Anschaffung nicht nur Ihre momentane Lebenssituation, sondern auch geplante Entwicklungen in den nächsten 20 bis 30 Jahren.

Sittiche und Kinder

Dass Kinder von der Heimtierhaltung profitieren, ist weithin bekannt. Der enge Kontakt zu einem Tier in der Familie fördert die soziale Kompetenz und das Verantwortungsbewusstsein. Unter der Anleitung der Eltern lernen Kinder den richtigen Umgang mit den Sittichen, aber auch die Notwendigkeit, den Le-

Katharinasittiche nutzen die Schlafhäuschen auch als Nistkästen. Ihr freundliches Wesen behalten die Südamerikaner auch in der Balz.

Die aufgeweckten Ziegensittiche haben einen ausgeglichenen und munteren Charakter, mit dem sie auch junge Vogelfreunde begeistern können.

Heimtiere mit Jagdinstinkt sollten niemals mit den Sittichen allein sein. Ein Anbellen oder Anspringen des Käfigs löst bei den Vögeln Panik aus.

bensraum der Vögel täglich zu reinigen sowie Futter und Wasser bereitzustellen. Kinder lassen sich in die tägliche Pflegeroutine gut mit einbinden, und man staunt als Erwachsener nicht selten, wie spielerisch leicht Kinder den Kontakt zu den neugierigen Vögeln finden. Bei Kindern unter zehn Jahren sollte stets ein Elternteil ein wachsames Auge auf Vögel und Kinder haben, denn manche Sittiche erschrecken über ungestüme Bewegungen. Zeigen Sie den Kindern im Vorfeld in Ruhe, wie man sich den Vögeln richtig zuwendet und mit ihnen spielt.

Sittiche und andere Heimtiere

Die Anwesenheit anderer Heimtiere ist bei der Sittichhaltung nicht selten mit Risiken behaftet. Bei Hunden und Katzen wecken die kleinen Vögel den Jagdtrieb, und so dürfen selbst Hunde, die ohne Zögern auf das Aus-Kommando des Halters hören, niemals allein mit den Sittichen im Raum sein. Die Anwesenheit ihrer potenziellen Fressfeinde stresst die Vögel so sehr, dass eine räumliche Trennung

der verschiedenen Heimtiere anzuraten ist. Aquarien und Terrarien müssen dicht geschlossen und die elektrischen Leitungen dürfen für die Vögel nicht erreichbar sein. Da viele Sitticharten gerne baden, sind offene Aquariensysteme nicht geeignet. Hier lauert die Gefahr des Ertrinkens.

Die schönsten **Farbschläge**

Bei vielen Sitticharten gibt es heute eine unüberschaubare Fülle an Farbschlägen. Wer neben wildfarbigen Vögeln auch abweichend gefärbte Tiere oder gescheckte Vertreter daheim pflegen möchte, wird vor allem bei den australischen Arten (z. B. Schönsittiche, Glanzsittiche, Rosellasittiche) sowie bei den Laufsittichen (z. B. Ziegensittiche) und Halsbandsittichen fündig. Mit Ausnahme der Katharinasittiche ist die farbliche Vielfalt bei den Südamerikanern etwas kleiner.

Anatomie und Sinne

Gefieder

Ein intaktes Gefieder ist nicht nur der Garant für einen schnellen Flug, es dient auch der Isolation und der Verständigung. Zahlreiche verschiedene Federtypen bedingen, dass der Sittich nicht nur pfeilschnell fliegen, sondern auch zielsicher manövrieren kann.

Schwanz

Der lange Schwanz ist das Steuerruder für die rasanten Flieger. Lediglich beim Katharinasittich, der sich eher kletternd fortbewegt, ist der Schwanz kurz und abgerundet und spiegelt die Lebensweise der Südamerikaner wider. Auf die Pflege der inneren und äußeren Steuerfedern legen die Sittiche sehr großen Wert.

Füße

Sittiche besitzen zygodaktyle Füße, das heißt, zwei Zehen sind nach vorn gerichtet und zwei nach hinten. Die empfindlichen Sohlen sollten regelmäßig kontrolliert werden. Viele Sittiche benutzen zum Greifen und Manipulieren bevorzugt den linken Fuß.

Gesicht

Die Stellung des Gefieders im Gesicht verrät viel über die Stimmung, in der sich der Sittich befindet. Die kleinen Federn müssen penibel sauer gehalten werden. Gern hilft hier ein Artgenosse oder der Partner Mensch.

Auge

Um die Umgebung optimal beobachten zu können, liegen die Augen an der Seite des Kopfes. Sittiche können nicht nur ultraviolettes Licht sehen, sie haben zudem eine erheblich schnellere Bildverarbeitung als wir. Bis zu sieben Artgenossen innerhalb eines Schwarms kann ein Sittich gleichzeitig im Flug im Blick behalten und auf deren Bewegungen blitzschnell reagieren. Kräftige Augenmuskeln ermöglichen das schnelle Scharfstellen eines Punktes. Dies ermöglicht es den Sittichen auch, Objekte in großer Entfernung präzise zu erkennen.

Schnabel

Der Schnabel ist ein empfindliches Tastorgan und wächst ein Leben lang. Die Beschaffenheit des Schnabelhorns sagt viel über die körperliche Gesundheit der Sittiche aus. Regelmäßiges Nagen hält den Schnabel in Form und sorgt für eine gesunde, glatte Oberfläche.

Augen auf beim Kauf

Die Einfuhr wild lebender Papageien in die Staaten der EU ist mittlerweile verboten. Die Vögel auf dem heimischen Markt sind meist deutsche Nachzuchttiere, die gut an unser Klima angepasst sind.

Züchter, Zoofachgeschäft Der Weg zum neuen Heimtier führt zum Züchter oder ins Zoofachgeschäft. Anfänger sollten sich dort ausführlich beraten lassen. So können sie einen Fehlkauf von vornherein vermeiden, denn viele Käufer lassen sich schnell von den leuchtenden Farben begeistern und wählen die Art nach äußerlichen Merkmalen aus.

Tierheim Dort trifft man auf Sittiche, die dringend ein neues Zuhause benötigen. Da man allerdings die Herkunft und die Vorgeschichte von Tierheimvögeln nicht kennt, sollte der Erwerb dieser Vögel erfahrenen Sittichhaltern vorbehalten sein.

Vogelmärkte Vermeiden Sie sogenannte Mitleidskäufe und lassen Sie sich keinesfalls auf vermeintliche »Schnäppchen« auf Vogelmärkten ein.

Darauf sollten Sie achten

Mitunter dauert es eine Weile, bis Sie die Vögel finden, die Sie suchen. Sie sollten größten Wert auf gesunde Tiere mit normalem Sozialverhalten legen.

Unterbringung Ein seriöser Züchter zeigt Ihnen gerne, wie seine Vögel untergebracht sind. Vor Ort können Sie sich ein Bild von der Fütterung und der Hygiene in den Volieren machen. Sie sehen sofort, ob die Gehege regelmäßig gereinigt oder nur hin und wieder provisorisch vom gröbsten Dreck und Kot befreit werden. Nichts belastet Sittiche mehr als eine Jugend in dunklen Käfigen mit minderwertigem Futter und verschmutztem Trinkwasser.

Infos und Unterlagen Neben kompetenter Beratung und wichtigen Hinweisen auf artspezifische Besonderheiten erhalten Sie bei Kaufabschluss einen Kaufvertrag mit eingetragener Ringnummer und ein Gesundheitsgutachten. Achten Sie unbedingt auch auf die Herkunftsbescheinigung. Sie ist zwingende Pflicht. Papageienhalter müssen jederzeit auf Verlangen der Behörden nachweisen können, dass ihre Vögel legal erworben wurden.

Der beste Zeitpunkt für den Kauf

Erwerben Sie Ihre Vögel am besten in den Sommermonaten. In dieser Zeit können Sie leicht erkennen, welche Tiere vor Gesundheit und Vitalität strotzen und welche einen kränklichen Eindruck machen. Bei Sittichen, die sich im Frühjahr in der Mauser befinden, ist dies mitunter schwer festzustellen.

Gemeinsam kann man nicht nur fressen, sondern auch spielen. So macht die Sittichhaltung richtig Spaß.

Pärchen oder Schwarm?

Bitte keine Einzelgänger Als gesellige Vögel mit intensivem Sozialverhalten sollten Sittiche nicht allein gehalten werden. Sie würden ein tristes Dasein führen. Es empfiehlt sich daher, ein Pärchen junger Vögel oder eine ganze Gruppe zu erwerben, die sich bereits prächtig verstehen. Wer in der Folge auf den Geschmack gekommen ist und sich die Haltung eines größeren Schwarms zutraut, kann neu erworbene Vögel in bestehende Gruppen integrieren. Das gelingt allerdings nicht bei allen Arten so reibungslos wie etwa bei Katharinasittichen. Vor allem territoriale Arten sehen in den Neuankömmlingen zunächst lästige Konkurrenten, die es zu vertreiben gilt. Bei diesen Arten sollte man sich die gewünschte Gruppengröße sofort zulegen und nicht schrittweise ergänzen.

Geschlechterverhältnis Wer großen Wert auf ein bestimmtes Geschlechterverhältnis legt, muss bedenken, dass es Arten gibt, bei denen die Geschlechter nicht oder kaum anhand äußerer Merkmale zu unterscheiden sind, z. B. bei Sonnensittichen, Grünwangen-Rotschwanzsittichen, Katharinasittichen und Laufsittichen. Bei den australischen Arten ist das Geschlecht häufig ohne DNA-Analyse erkennbar, und bei den Singsittichen, Vielfarbensittichen, Glanzsittichen und Halsbandsittichen sieht selbst der Laie sofort den Unterschied zwischen Männchen und Weibchen. Reine Männergruppen verstehen sich häufig sehr gut, und viele Halter umgehen so den Stress mit der Balz und der Fortpflanzung. Doch Achtung: Es kommt bei Sittichen gelegentlich vor, dass sich bei gleichgeschlechtlichen Partnerschaften ein Männchen in die Rolle des Weibchens begibt und sich sein Verhalten nicht von dem eines weiblichen Tiers unterscheidet. Eier legen wird dieser Vogel allerdings definitiv nie!

Gesundheitscheck beim Kauf

TIPPS VOM
SITTICH-EXPERTEN
Rainer Niemann

Beobachten Sie die Vögel, die Sie kaufen wollen, eine Weile aufmerksam. Folgende Merkmale sind Anzeichen mangelnder Gesundheit:

VERHALTEN Der Vogel ist teilnahmslos, sitzt auf dem Boden oder schläft, während die Artgenossen aktiv sind. Er reagiert nicht auf Rufe.

FEDERKLEID Das Gefieder ist matt und struppig oder weist Lücken oder Fehlfarben (nicht mit Mutationsformen zu verwechseln) auf. Die Federn haben sich nicht entrollt und sind in ihren dicken Federhüllen stecken geblieben. Einige Federn sind zerbissen oder zernagt. Die Federn im Afterbereich und die Kloake sind kotverschmiert.

KOPF Der Schnabel ist zu lang oder missgebildet, das Horn der Wachshaut ist zerfressen oder weist Wucherungen auf. Die Augen sind gerötet, tränen, die Lider schließen sich nicht vollständig. Die Nasenlöcher sind verklebt, es tritt Flüssigkeit aus.

BEINE Das Horn der Läufe ist schuppig oder borkig. Nicht tragisch dagegen ist das Fehlen einer Kralle oder eines Zehs. Derartige Verletzungen belasten einen Sittich kaum.

Fit und gesund

Die Sittiche sollen bei uns daheim ein langes und vor allem gesundes Leben führen können. Hierzu benötigen sie nicht nur angenehme Gesellschaft und einen abwechslungsreichen Speiseplan, sondern auch eine geräumige Unterkunft, die ihrem sehr ausgeprägten Bewegungsdrang entgegenkommt.

Wohlfühlheime für Sittiche

Trotz aller Größenunterschiede sind Sittiche relativ kleine Papageien, und viele von ihnen lassen sich gut in Wohnungen pflegen. Während der Abwesenheit des Halters können die Vögel natürlich nicht unbeaufsichtigt in der Wohnung spielen, denn die Verletzungsgefahr ist zu groß. Ein geräumiger Käfig oder eine Zimmervoliere, in der die Vögel einen Teil des Tages verbringen und nachts ruhen, ist daher mit das wichtigste Equipment. Der Unterschied beider liegt darin, dass Zimmervolieren im Gegensatz zu Käfigen so lang sind, dass die Vögel darin einige Flügelschläge tätigen können. Bei größeren Sittichen wären dies also mindestens vier Meter.

Der richtige Käfig

Nur bei täglichem mehrstündigem Freiflug fühlen sich die Sittiche in einem Käfig wohl. Der Käfig sollte möglichst breit sein, damit sich die Vögel darin viel in der Waagerechten bewegen können. Hohe und schmale Käfige kommen dem Bewegungsdrang der Tiere nicht entgegen und führen meist dazu, dass sich die Vögel lediglich im oberen Drittel des Käfigs aufhalten. Sehr gut geeignet und leicht zu reinigen sind pulverbeschichtete Käfige. Meist haben sie eine sehr große Tür, die das Ein- und Ausfliegen aus dem Käfig erleichtert. Eine herausklappbare Veranda oder eine nach oben zu öffnende Tür macht aus dem Käfig schnell einen Freisitz, auf dem die Sittiche spielen können. Unter keinen Umständen kaufen sollten Sie:

> Käfige mit Plastikanteilen und unnötigem Zierrat, denn Plastik wird mit der Zeit rissig, und Zierrat ist ein Staub- und Schmutzfänger, den Sie zusätzlich säubern müssen;

> Käfige mit metallisch glänzenden Stäben, da die Stangen dieser Käfige die Sittiche blenden.

Viel Platz in der Zimmervoliere

Größere Arten wie Rosellasittiche, Alexandersittiche und Sonnensittiche schätzen eine geräumige Zimmervoliere. Beachten Sie aber bitte, dass diese flugfreudigen Arten trotzdem noch täglich die Möglichkeit zum Freiflug brauchen. Die Volierentür sollte sowohl oben als auch unten zu öffnen sein. Dies erleichtert Ihnen die Säuberung und das Anbringen von Sitzgelegenheiten. Die Wand hinter der Voliere bestreichen Sie am besten mit einem abwaschbaren ungiftigen Lack, denn die Sittiche werden ihre Umgebung mit frischem Futter und Kotresten verschmutzen. Mit einem feuchten Tuch ist der Unrat schnell beseitigt, und die Wand hat nicht gelitten.

Bepflanzung Einige ungiftige Zimmerpflanzen wie Bambus, Papyrus und Zypergras sorgen für eine gute Luftqualität und bieten in der Zimmervoliere ein natürliches Ambiente. Reicht der Platz in der Voliere nicht aus, so stellen Sie die Pflanzen einfach direkt davor. Dies gibt den Vögeln zusätzliche Rückzugsmöglichkeiten.

Selbst gestalten Mit Einzelelementen können Sie auch individuelle und attraktive Lösungen für das Heim Ihrer Sittiche selbst gestalten. Wichtig dabei ist, dass Sie kein verzinktes oder bleihaltiges Material verwenden, da dies die Gefahr der Schwermetallvergiftung birgt, wenn die Sittiche daran klettern und lecken. Der Gitterabstand sollte elf Millimeter nicht überschreiten, damit die Tiere nicht mit ihrem Kopf zwischen den Stäben stecken bleiben.

Keine Holzvolieren Auf selbst gebaute Volieren aus Holz sollten Sie verzichten. Die Sittiche nagen an den Holzteilen, und selbst die Arten, die das Holz nur wenig bearbeiten, legen im Lauf der Zeit Nägel und Schrauben frei, an denen sie sich verletzen können. Zudem lassen sich Holzteile schlecht reinigen, werden bald schmutzig und riechen dann muffig. Holzvolieren mögen zwar kostengünstiger sein und auf den ersten Blick »natürlicher« aussehen, langfristig führen sie aber zu einem erheblichen Hygieneproblem. Ritzen und Spalten lassen sich nämlich nicht ausreichend gut reinigen, sodass sich dort Keime und Schimmelpilze festsetzen.

Der richtige **Standort**

ZIMMERECKE Am besten steht das Vogelheim in einer Zimmerecke. Die Sittiche finden dort ideale Rückzugsmöglichkeiten und können sich auf diese Weise gut entspannen. Perfekt ist der Standort, wenn Sie von Ihrer Sitzecke aus Ihre Lieblinge optimal beobachten können.

NICHT AN TÜREN Wählen Sie keinen Standort in unmittelbarer Türnähe, da die Vögel gestresst auf die Unruhe durch sich bewegende Türen reagieren.

NICHT AM FENSTER Am Fenster oder direkt an einem Durchgang sollte der Käfig ebenfalls nicht stehen. Da die Vögel Beutetiere sind, sehen sie sich sonst einem permanenten Druck ausgesetzt, wenn ständig Menschen oder Tiere vorbeigehen.

Ein ganzes Zimmer nur für Sittiche

Viele Halter arbeiten tagsüber und können sich erst abends und am Wochenende ihrem Hobby widmen. Manchmal kommt dann der Freiflug der gefiederten Familienmitglieder zu kurz – die Vögel verbringen den ganzen Tag in der Voliere. Bei ausreichender Größe ist dies in Einzelfällen vertretbar. Kleinere Arten wie Vielfarbensittiche, Katharinasittiche, Schönsittiche und Bourkesittiche kommen bei einer sehr großen Zimmervoliere gut damit zurecht, wenn

Die Zimmervoliere ist das »Spielzimmer« und der Rückzugsort für die gefiederten Familienmitglieder. Der Standort und die Einrichtung bestimmen, ob sich die Bewohner der Voliere in ihrem Heim wohlfühlen. Große Türen und aufklappbare Veranden verwandeln schlichte Käfige schnell in interessante Freisitze.

der Freiflug einmal ausfallen muss. Größere Arten benötigen allerdings mehr Raum. In solchen Fällen sollte über die Einrichtung eines Vogelzimmers nachgedacht werden.

Voraussetzungen In diesem Zimmer müssen der Boden leicht zu reinigen und die Wände abwaschbar sein. Alle Leitungen und Dichtungen müssen abgedeckt oder entfernt werden, da die Sittiche mit Sicherheit daran nagen. Dies gilt natürlich auch für die Vogellampe, die möglichst sicher verkleidet

werden muss. Idealerweise ist der vordere Teil des Zimmers mit einigen Volierenelementen abgetrennt. So können Sie morgens problemlos die Sittiche füttern, ohne dass ein Vogel einen unerwünschten Ausflug macht, und dann entspannt zur Arbeit fahren. Um den Raum regelmäßig lüften zu können, muss das Fenster entsprechend gesichert werden. Im Idealfall lässt es sich vielleicht sogar öffnen, sodass die Sittiche bei gutem Wetter direkt an der frischen Luft sitzen können.

Ein schönes Vogelheim

Einen Großteil des Tages verbringen unsere gefiederten Pfleglinge in ihrem Käfig oder in ihrer Voliere. Eine gute Hygiene und eine anregende Ausstattung sind daher unerlässlich. Sie sorgen letztlich auch dafür, dass die Sittiche ihr »Spielzimmer« mögen und sich gerne dorthin zurückziehen.

Die passende Einrichtung

Futter- und Wassernäpfe Verwenden Sie Näpfe aus Keramik oder Metall, denn in Plastiknäpfen bilden sich bei längerem Gebrauch feine Risse. In diese können sich gefährliche Krankheitserreger einnisten, die kaum zu entfernen sind. Außerdem lassen sich Keramik- und Metallnäpfe in der Spülmaschine leicht und gründlich reinigen. Am besten besorgen Sie sich gleich einen zweiten Satz Näpfe. So können Sie rasch Futter und Wasser wechseln, wenn Sie es einmal eilig haben.

Boden Als Bodenbelag kommen verschiedene Varianten infrage. Handelsübliche Käfige werden meist mit einem Kotgitter geliefert. Dies ist sinnvoll, denn so laufen die Sittiche nicht durch ihre eigenen Ausscheidungen, wenn sie auf dem Boden nach Futter suchen. Eine flache Schale mit Sand und feinem Kies befriedigt das Bedürfnis der Sittiche, im Boden zu scharren. Platzieren Sie die Sandschale so, dass die Sittiche ihren Unrat nicht von einem Sitzast

Spiralen eignen sich zum Klettern und sind eine prima Sitzgelegenheit. So werden die Füße der Vögel perfekt trainiert.

Naturäste dürfen in keiner Voliere fehlen. Die Rinde nutzt die Krallen ab und dient den Sittichen auch als Nagemöglichkeit.

aus in die Schale fallen lassen. Den Boden unterhalb des Gitters legen Sie mit etwas Zeitungspapier aus, das Sie täglich wechseln. Für größere Volieren bietet sich Buchenholzgranulat als Bodenbelag an. Es saugt Flüssigkeit auf und staubt kaum. Alternativ hierzu können Sie auch eine weiße Papiertischdecke verwenden, die täglich gewechselt wird. Zum Scharren erhalten die Sittiche eine Plastikwanne (z. B. eine offene Katzentoilette) mit Sand, grobem Kies und Buchenholzgranulat gefüllt.

Sitzgelegenheiten Die Sitzäste sollten aus Naturmaterialien bestehen. Bringen Sie sie möglichst weit voneinander entfernt schräg im »Spielzimmer« der Vögel an. Wählen Sie unbedingt Äste mit unterschiedlichem Durchmesser, damit die Vögel verschieden weit greifen müssen. Fertig gedrechselte Stangen entfernen Sie aus Voliere oder Käfig, denn diese nutzen die Krallen nicht ausreichend ab. Zudem schaden sie durch die immer gleiche Belastung den empfindlichen Sohlen der Sittiche. Schaukeln, Spiralen und Sitzseile aus Sisal komplettieren die Sitzgelegenheiten Ihrer Schützlinge.

Vogellampe Insbesondere in den Wintermonaten ist eine für Vögel geeignete UV-Lampe wichtig. Die Sittiche brauchen das Licht zur Bildung von Vitamin D_3, das zur Aufnahme von Kalzium benötigt wird.

Bademöglichkeit Sittiche sind sehr saubere Vögel, die ein Bad schätzen. Im Fachhandel gibt es selbst für größere Vögel spezielle Badewannen, die in den Käfig eingehängt werden können. Da die Sittiche meist auch aus diesen Wannen trinken, müssen Sie das Wasser regelmäßig wechseln sowie die Wanne ausspülen und trocknen lassen. Manche Tiere akzeptieren das Behältnis erst, wenn sie sich von dessen Harmlosigkeit überzeugt haben. Legen Sie in die trockene Wanne ein Leckerchen und etwas Spielzeug, damit die Vögel neugierig werden.

Eine Schale mit Sand und Kies, in die etwas Futter eingearbeitet wurde, befriedigt das Bedürfnis der Sittiche, am Boden nach Sämereien zu suchen.

Beschäftigungsmöglichkeiten

Um die Zeit im Käfig kurzweilig zu gestalten, brauhen Sittiche ausreichend Beschäftigungsangebote.

Im Fachhandel gibt es eine breite Auswahl an schönem Spielzeug mit bunten Perlen, Glöckchen und Lederanteilen zu kaufen. Achten Sie bei Holzspielzeug darauf, dass die Holzanteile sehr dünn sind. Zu dicke Holzteile können die Sittiche nicht zerbeißen und ignorieren dann das Spielzeug.

Im Haushalt finden sich Gegenstände, die sich als Lebensraumanreicherung für die Vögel eignen. Papiertaschentücher, -becher und -teller lassen sich als Spielzeug verwenden, in dem man Futter verstecken kann. Leere Küchentuchrollen können zu Ringen zerschnitten werden, die, aufgefädelt auf ein Stück Hanfseil und mit Korken und Holzperlen unterbrochen, wunderbares und preiswertes Spielzeug für unsere gefiederten Freunde liefern.

Willkommen daheim

Der große Tag ist gekommen: Alle Vorbereitungen wurden getroffen, und Voliere oder Käfig sind perfekt vorbereitet. Jetzt holen Sie Ihre neuen Familienmitglieder heim. Natürlich sind alle sehr aufgeregt – auch die Sittiche empfinden an diesem Tag viel Stress. Transportieren Sie die Tiere möglichst einzeln in Transportboxen, damit es nicht zu Auseinandersetzungen und Verletzungen kommt. Wenn Sie eine längere Fahrt vor sich haben, müssen Sie den Vögeln Wasser und Futter zur Verfügung stellen. Keinesfalls dürfen die Boxen während der Fahrt in der prallen Sonne stehen. An heißen Tagen trägt ein feuchtes, über die Box gelegtes Handtuch dazu bei, die schlimmste Hitze zu vermeiden.

Zu Hause angekommen

Daheim stellen Sie die Transportboxen in die Voliere und öffnen sie vorsichtig. Lassen Sie die Sittiche von allein herauskommen – üben Sie keinen Druck auf die Tiere aus. Auch wenn es den ganzen Tag dauern mag, irgendwann wagt der erste Vogel den Schritt in sein neues Heim, und sein Gefährte wird

Wenn die Eingewöhnung des gefiederten Familienmitglieds behutsam und geduldig erfolgt, steht einer langen und intensiven Freundschaft nichts mehr im Weg.

ihm bald folgen. Wenn Sie einen Käfig verwenden und die Box nicht hineinpasst, stellen Sie sie auf einen Stuhl vor die geöffnete Tür des Käfigs.

Die ersten Wochen Anfangs sind die Tiere meist scheu und ängstlich. Diese Nervosität kann sich in leichtem Durchfall äußern. Beobachten Sie genau, ob die Vögel fressen und wie der Kot in den ersten Tagen aussieht. Verbessert sich der Zustand des Vogels nicht, müssen Sie ihn zum Tierarzt bringen, damit der Sittich nicht zu viel Flüssigkeit verliert.

Erste Kontaktaufnahme Gönnen Sie den Vögeln in der ersten Woche weitestgehend Ruhe. Die Tiere wissen nicht, dass sie ihr künftiges Leben in Ihrer Familie verbringen werden, sie sind verängstigt und unruhig. Erst wenn die tägliche Routine eingekehrt ist und die Vögel entspannt mit Ihrer Anwesenheit in der Nähe des Käfigs oder der Voliere umgehen können, sollten Sie intensiveren Kontakt suchen. Beginnen Sie mit einem einfachen Training im Käfig oder in der Voliere, um die Vögel an die Hand zu gewöhnen (→ Seite 55).

Der erste Freiflug

Wenn nach der Eingewöhnung der erste Freiflug geplant ist, vergewissern Sie sich zunächst, dass alle Fenster und Türen geschlossen sind und alle gefährlichen Gegenstände entfernt wurden. Informieren Sie alle Familienmitglieder und nehmen Sie sich für diesen Nachmittag nichts vor. Sie wissen noch nicht, wie lang Ihre Vögel fliegen werden, und sollten ausreichend Zeit haben, die Tiere ohne Druck zurück in den Käfig setzen zu können. Entfernen Sie

zu Beginn des Freiflugs das Futter, damit Sie ein Lockmittel haben, wenn die Vögel wieder in ihr Heim zurückkehren sollen. Anfangs werden die Tiere schreckhaft sein und vielleicht den einen oder anderen Sturzflug machen. Bleiben Sie ruhig und beobachten Sie den kleinen Bruchpiloten. Meist fliegt er nach einem kurzen Moment wieder auf. Nur wenn er länger sitzen bleibt, heben Sie ihn vorsichtig auf und prüfen Sie, ob er sich verletzt hat.

Zurück in den Käfig Wenn etwas Ruhe eingekehrt ist, werden sich die Sittiche einen erhöhten Sitzplatz suchen und dort unter Umständen mehrere Stunden rasten. Nach dieser Pause zeigen Sie den Vögeln das Futter und ein besonders schmackhaftes Leckerchen, das Sie in den Käfig legen. Dieses Leckerchen gibt es immer dann, wenn die Vögel in den Käfig gehen. Loben Sie die Tiere und schließen Sie vorsichtig und ohne Hektik die Tür. Das war für alle Beteiligten genug Aufregung für einen Tag!

Lassen Sie die Sittiche selbst aus der Transportbox klettern und drängen Sie sie nicht, denn jede Erfahrung soll so positiv wie möglich sein.

Vergesellschaftung mit anderen Arten

Hat sich die Haltung eines Sittich-Pärchens bei Ihnen daheim gut etabliert, folgt nicht selten der begeisterte Wunsch nach einer Vergrößerung des Bestands oder nach zusätzlichen Arten. Doch hier liegen einige Tücken im Detail, die gerne im Überschwang vergessen oder nicht ernst genommen werden. Bedenken Sie, dass die meisten Sittiche charakterfeste und sehr lebhafte Tiere sind, die auf ungünstige soziale Strukturen aggressiv und missmutig reagieren können. Nicht alle Spezies freuen sich über artfremde Mitbewohner. Manche Tiere sind weniger gesellig und leiden sogar darunter, wenn sie im Schwarm leben müssen. Wenn Sie als Halter viel Platz und Zeit haben und sich einen großen bunten Mix verschiedener Arten wünschen, wählen Sie gezielt friedfertige Vertreter wie die Grassittiche aus. Sie sind gerne von anderen Tieren umringt und fühlen sich in der Masse besonders wohl und geborgen.

Wer passt zu wem?

Katharinasittiche nehmen Neuankömmlinge nach anfänglichen kleineren Reibereien herzlich in ihre Gemeinschaft auf. Gruppen von bis zu zwölf Vögeln können als Minischwarm in einer größeren Wohnung gehalten werden und erfreuen mit ihrem freundlichen Wesen jeden Betrachter. Die Tiere tolerieren im Freiflug jede andere friedliche Vogelart, vor allem Wellensittiche, mit denen sie sogar intensive Freundschaften pflegen können. Größeren Sittichen oder kleinen Finken gehen sie meist aus dem Weg oder verschaffen sich mitunter energisch Respekt. Für eine Vergesellschaftung mit Papageien, die in der Balzzeit aggressiv werden, eignen sich Katharinasittiche nicht, selbst wenn jene – wie etwa Rosenköpfchen und Sperlingspapageien – kaum größer oder sogar kleiner sind.

Grassittiche (Neophemen), zu denen Schönsittiche, Glanzsittiche und Bourkesittiche zählen, sind bekannt für ihr friedfertiges Wesen. Sie eignen sich gut für gemischte Schwärme. Innerhalb ihrer Gattung kann es während der Balzzeit aber durchaus zu heftigen Reibereien zwischen den brutlustigen Männchen kommen. Wem ein bunter Australienschwarm vorschwebt, sollte es bei einer Neophemenart belassen und diese mit Wellensittichen, Zebrafinken und Ziertäubchen vergesellschaften. Größere australische Sittiche können für die kleinen Grassittiche gefährlich werden; Nymphensittiche ignorieren das Treiben der übrigen Vogelschar.

Die genügsamen Schönsittiche vertragen sich mit den freundlichen Wellensittichen meist sehr gut – vorausgesetzt, es ist genügend Platz vorhanden.

Ziegen-, Spring und Halsbandsittiche zeigen wenig Scheu vor den gefiederten Mitbewohnern einer Voliere. Es ist empfehlenswert, sich bei diesen Arten nicht über die Gattungsgrenze hinaus zu bewegen, da andere Sittricharten unter der Gegenwart der mitunter sehr aufdringlichen Vertreter der Laufsittiche und Edelsittiche leiden. Da diese keinem Streit aus dem Weg gehen, ist von Vergesellschaftungen mit Sonnen- und Singsittichen dringend abzuraten. Heftige Konflikte und blutige Beißereien können die unschöne Folge einer unüberlegten Gruppenhaltung sein. In diesen Fällen ist die Beschränkung auf eine geringere Artenvielfalt ein Gewinn für die Tiere und für Sie als Halter.

Die größeren australischen Sittricharten wie Rosellasittiche und Singsittiche benötigen als aktive Flieger sehr viel Platz zum Austoben. Eine große Anzahl von Tieren scheidet bei den meisten Haltern im Vorfeld aus, da der Platzbedarf pro Paar beachtlich ist. Viele Halter größerer Sittricharten haben ein eigenes Vogelzimmer oder eine kombinierte Innen-/ Außenvoliere, in der Platz für mehrere Vögel ist.

Die südamerikanischen Sittiche wie Sonnensittiche und Grünwangen-Rotschwanzsittiche interessieren sich in der Regel nicht für artfremde Vögel. Bei ausreichendem Platzangebot sind Haltungen verschiedener Spezies möglich, aber nicht grundsätzlich zu empfehlen. Halter mit mehreren Arten aus der Neuen Welt sollten sich für den Notfall stets die Option getrennter Haltungsformen offenlassen. Dies ist jedoch nur möglich, wenn sehr viel Platz zur Verfügung steht. Goldstirnsittiche gelten unter den Südamerikanern als die am besten geeigneten Tiere für gemischte Haltungen, Kanarienflügelsittiche wissen als gesellige Vögel die Anwesenheit anderer Vertreter der Schmalschnabelsittiche, z.B. Weißflügel- und Tovisittiche, zu schätzen.

Vorsicht bei **Neuzugängen**

TIPPS VOM
SITTICH-EXPERTEN
Rainer Niemann

Auch wenn Sie es gar nicht erwarten können, Ihre neu erworbenen Sittiche zu den bereits vorhandenen Vögeln zu setzen, sind doch einige Vorsichtsmaßnahmen notwendig:

QUARANTÄNE MUSS SEIN Setzen Sie die Neuzugänge erst nach Einhaltung einer angemessenen Quarantänezeit – mindestens vier Wochen – zu Ihren Vögeln. Die Geduld zahlt sich aus, denn Vogelseuchen sind übertragbar und viele von ihnen leider nur schwer zu behandeln.

UNTERBRINGUNG Bedenken Sie, dass die neuen Familienmitglieder in dieser Zeit, bis der Tierarzt »grünes Licht« für die Vereinigung gegeben hat, deutlich von den übrigen Sittichen entfernt untergebracht werden müssen.

VERSORGUNG Versorgen Sie während der Quarantäne zunächst immer erst die eigenen Vögel und anschließend die getrennt sitzenden Quarantänevögel. Verwenden Sie für diese Tiere eigene Futternäpfe. Reinigen Sie sich nach jedem Kontakt mit den neuen Vögeln gründlich die Hände und wechseln Sie die Oberbekleidung.

Lecker und gesund

Eine ausgewogene und vielseitige Ernährung garantiert, dass unsere Pfleglinge optimal versorgt sind. Wichtig ist daher viel Abwechslung im Futternapf.

Körnerfutter

Arten, die auf dem Boden nach Futter suchen, erhalten als Grundfutter eine ausgewogene Körnermischung. Verzichten Sie auf Mischungen, die Sonnenblumenkerne und Kardisaat enthalten, denn diese sind zu kalorienreich und werden von den klugen Vögeln meist zuerst gefressen. Übergewicht und eine zu einseitige Ernährung können die Folge sein. Verwenden Sie solch fettreiche Samen lieber als Leckerchen, die Sie aus der Hand reichen können. Gelagert wird das Körnerfutter in einem geschlossenen Plastikbehälter im Kühlschrank. Um die Qualität des Körnerfutters zu überprüfen, sollten Sie regelmäßig Keimproben in einem Keimautomaten durchführen. Keimt nur ein kleiner Teil des Körnerfutters, riecht das Körnerfutter muffig oder schimmelig, so verwenden Sie es nicht mehr.

Fertignahrung

Für Arten, die zur Nahrungssuche im Freiland nicht auf den Boden gehen, empfiehlt sich in der Heimvogelhaltung eine vollwertige Ernährung mit Extrudaten als Grundfutter. Wie alle anderen Trockennahrungsmittel wird auch extrudiertes Futter im Kühlschrank gelagert. Körnerfutter ist für diese Sitticharten ein Leckerchen, das ihnen nur als Belohnung zur Verfügung stehen sollte. So vermeiden Sie, dass diese etwas empfindlicheren Arten sich überfressen. Zudem haben Sie gleichzeitig immer eine interessante Belohnung parat.

Kost aus der Natur

Obst und Gemüse ergänzen den Speiseplan. Reichen Sie Obst in kleinen Mengen und entfernen Sie es nach zwei Stunden wieder aus der Voliere. So

Weintrauben enthalten viel Fruchtzucker und sollten sofort verzehrt werden, sonst bilden sich rasch Hefepilze.

vermeiden Sie die Hefepilzbildung, die bei Sittichen Infektionen auslösen kann. Gemüse dürfen Sie ganztägig anbieten. Sehr feuchte Sorten wie Tomate und Gurke sollten Sie ebenfalls nach rund zwei Stunden wieder entfernen, da sie dann matschig werden. Reichen Sie die Frischkost in größeren Stücken, etwa auf einem Fruchtspieß. Jetzt müssen die Vögel ein wenig nagen. Kleinere Arten wie Katharinasittiche freuen sich über einen bunten Obstteller, an dem sie gemeinsam im Schwarm fressen können.

Frische Zweige mit Beeren sind nicht nur sehr beliebt, sondern auch ein tolles Beschäftigungsfutter. Geeignet sind Vogelbeeren, Blaubeeren und Sanddornbeeren. Sehr dornige Zweige sollten Sie nicht in die Voliere hängen, da sich die Vögel eventuell verletzen könnten. Sammeln Sie dann die Beeren ein-

fach ab und reichen Sie diese im Futternapf. Die Reste von sehr feuchtem Futter, wie Vogelmiere, Sauerampfer oder Löwenzahn, nehmen Sie abends aus der Voliere, trockenes Grünfutter, z. B. alle Gräser, können Sie ruhig einige Tage belassen.

Aufbewahrung Wer frisches Futter nicht täglich aus der Natur sammeln kann, sollte es in einer Plastikbox im Kühlschrank lagern und jeden Tag eine kleine Menge davon anbieten.

Mineralstoffe sind wichtig

Das Anbringen eines Kalksteins ist von Vorteil, weil er wertvolle Minerale enthält und zum Schnabelwetzen dient. Er muss mindestens einmal jährlich gewechselt werden, da sich in seinen feinen Poren und Ritzen Feuchtigkeit und Bakterien sammeln.

Da steckt **Gesundheit** drin

NAHRUNG	BEISPIELE	NAHRUNG	BEISPIELE
OBST	Apfel, Banane, Granatapfel, Birne, Pfirsich, Nektarine, Mango, Papaya, Feige, Melone, Aprikose, Erdbeere, Weintraube, Kiwi und Kaktusfeige.	BEEREN UND NÜSSE	Weißdornbeeren, Schwarzdornbeeren, Vogelbeeren, Schwarze Holunderbeeren (nur vollreif), Beeren des Roten Hartriegels, Maulbeeren, Sanddornbeeren, Feuerdornbeeren, Hagebutten; sehr wenig Haselnüsse und Walnüsse ohne Schale.
GEMÜSE	Möhre, Kohlrabi, Mangold, Fenchel, Tomate, Gurke, Zucchini, Stangensellerie, Brokkoli, Rote Bete, Paprika, Mais, Zuckererbsen, Endiviensalat und gekochte Kartoffel sowie Hülsenfrüchte als Kochfutter.	BLÜTEN	Von den meisten Obstbäumen geeignet, z. B. Apfel, Birne und Süßkirsche, aber auch von Zierpflanzen wie Hibiskus und Kapuzinerkresse. Ebenso mögen Sittiche nektarreiche Kätzchen der männlichen Weide.
KRÄUTER UND WILD-PFLANZEN	Petersilie, Basilikum, Sauerampfer, Vogelknöterich, Vogelmiere, Hirtentäschelkraut, Löwenzahn, Kriechendes Schönpolster (besser bekannt als Golliwoog), Wildgräser (Weidelgras, Hühner-, Finger-, Borstenhirse).	TIERISCHES	Larven des Mehlkäfers (»Mehlwürmer«) oder handelsübliches Insekteneifutter (Zoofachhandel).

Keimfutter

Keimfutter stellt eine sehr energiereiche Nahrungsquelle für unsere Sittiche dar und sollte in der Heimvogelhaltung nur während der Zucht oder bei angeschlossener Außenhaltung angeboten werden. Spülen Sie das Futter vor dem Verzehr gründlich kalt ab und entfernen Sie die Reste sofort nach der

Ein »Vogelmuffin« ist eine gesunde Leckerei für zwischendurch, mit dem man auch schüchterne und ängstliche Sittiche gut locken kann.

Mahlzeit. So vermeiden Sie Gärprozesse im Keimfutter und Schimmelpilz, der bei der späteren Nahrungsaufnahme mitverzehrt werden würde.

Kochfutter

Kochfutter ist bei allen Sittichen beliebt. Inzwischen gibt es zahlreiche Fertigmischungen im Handel. Achten Sie darauf, dass das Futter lauwarm angeboten wird, damit sich die Sittiche nicht verbrennen. Wie alles feuchte Futter muss auch Kochfutter nach rund zwei Stunden aus der Voliere genommen werden, damit es nicht verdirbt.

Die richtige Futtermenge

Um zu ermitteln, welche Futtermenge für Ihre Sittiche richtig ist, gibt es einen einfachen Trick. Wiegen Sie morgens den gefüllten Napf und notieren Sie das Gewicht. Abends wiegen Sie ihn erneut und notieren die Differenz. Nach drei bis vier Wochen nehmen Sie den Mittelwert der Differenzmenge und wissen nun in etwa, wie viel Futter Ihre Sittiche tagsüber fressen. Diese Menge teilen Sie in zwei Hälften; eine Hälfte füttern Sie morgens und die andere abends, wenn Sie heimkommen. Wer mit seinen Vögeln regelmäßig trainiert, füttert erst nach dem Training, damit die Tiere motiviert mitarbeiten und sich danach für die Nacht satt fressen.

Leckerchen Tagsüber dürfen die Sittiche zusätzlich Frischkost und Leckerchen bekommen, am besten versteckt in Spielzeug. Gut geeignet für kleine Extraportionen sind Hirsestückchen, Vogelbrot und Vogelkräcker. Auch ungesalzene Reiskekse, gepuffte Hirse oder ungesalzenes und ungezuckertes Popcorn bilden eine willkommene Abwechslung auf dem Speiseplan. Körnerkräcker und Hirse sollten Sie immer nur so anbieten, dass die Sittiche dafür arbeiten müssen. Dafür eignen sich selbst gebastelte Spielzeuge aus Papier, Pappe und Karton. Auch Weidenbällchen, gefüllt mit einem Stückchen Hirse oder einem Körnerbällchen, können Ihre gefiederten Familienmitglieder lange beschäftigen.

Achtung Vermeiden Sie unbedingt Leckerchen, die Zucker, Salz oder zu viel Fett enthalten. Sie sind für die Sittiche nicht geeignet.

Übergewicht – was nun?

Wiegen Sie Ihre Pfleglinge regelmäßig und verhindern Sie so eine Überfütterung. Stellen Sie bei den Tieren Übergewicht fest, müssen Sie unverzüglich Gegenmaßnahmen ergreifen, um gesundheitliche Schäden abzuwenden. Bringen Sie die Vögel mit einer Diätfütterung – hochwertige, aber besonders energiearme Kost – langsam wieder auf ihr normales Gewicht. Machen Sie keine Radikalkuren, da diese dem Stoffwechsel Ihrer Sittiche schaden.

Lebenswichtiges Wasser

Ihren Durst stillen die Sittiche am liebsten mit sauberem, klarem Wasser. Wechseln Sie es zweimal täglich, denn Staub und Hülsen des Körnerfutters verunreinigen es tagsüber. Auf Zusätze, die ins Trinkwasser gegeben werden – etwa Vitamine oder Mineralien –, sollten Sie verzichten. Viele Sittiche trinken Wasser, das ungewöhnlich gefärbt ist oder einen merkwürdigen Beigeschmack hat, nicht mehr oder nehmen weniger davon auf. Den Flüssigkeitsbedarf decken sie dann notdürftig über Obst und Gemüse, und der Sinn, den der Zusatz hatte, ist verfehlt. Wenn Sie Vitamine und Mineralien geben möchten, streuen Sie diese über das Trockenfutter oder mischen Sie sie ins Kochfutter.

»Suppe« vermeiden Einige Sittiche neigen dazu, Futter in den Napf zu werfen und »Suppe« anzurühren. Diese lästige Angewohnheit kann man ihnen abgewöhnen, indem man den Wassernapf möglichst weit vom Futternapf anbringt. So vermeidet man zusätzlich, dass leere Spelzen ins Wasser geweht werden.

LÖWENZAHN gehört bereits im zeitigen Frühjahr zu den wichtigsten Futterpflanzen für die Sittiche. Sie schätzen vor allem die ersten zarten Blätter.

DER VOGELMIERE kann kein Sittich widerstehen. Die zarten Pflänzchen findet man nicht nur in der Natur, sie gedeihen auch gut auf dem Balkon.

BROKKOLI ist bei vielen Sittichen sehr beliebt. Das herzhafte Gemüse kann sowohl im rohen Zustand als auch leicht gekocht verfüttert werden.

ZUCKERMAIS mögen Sittiche vor allem wegen seines Saftes im halb reifen Zustand. Er wird meist als Erstes aus dem Gemüseangebot verzehrt.

Grundregeln der Pflege

Ein gesundes Gefieder ist nicht nur ein Garant für das Überleben der Sittiche im Freiland, sondern auch ein wichtiger Signalgeber für die Artgenossen.

Sauberkeit muss sein

Die Gefiederpflege benötigt viel Zeit. Die Vögel pflegen jede Feder und sortieren sie sorgsam wieder ins Gefieder ein. Dabei erreichen sie fast jeden Körperteil mit dem Schnabel, nur im Kopfbereich müssen Artgenossen oder manchmal der Halter helfen.

Bad oder Dusche Mit dem regelmäßigen Bad pflegen Sittiche ihre dünne und empfindliche Haut. Da die Vögel eine hohe Eigentemperatur haben, sollte das Badewasser kühl sein. Während viele Sittiche gern baden, bevorzugen andere die Dusche. Benutzen Sie dafür eine handelsübliche Blumenspritze mit feinem Nebel, damit sich die Vögel nicht erschrecken. Rote Modelle sollten Sie meiden, denn diese Farbe macht einigen Sittichen Angst. Nach dem Bad dürfen die Tiere nicht in der

Das Wasser hat genau die richtige Temperatur! Zu warm mögen es die Sittiche nämlich nicht. Bademuffel können auch mit einer sehr fein vernebelnden Blumenspritze abgeduscht werden.

Zugluft sitzen – sie könnten sich sonst erkälten. Das Zittern des Bauches dient dazu, die Federn möglichst schnell zu trocknen.

Reinigung des Vogelheims

Für die Reinigung des Vogelheims sind Sie als Halter zuständig. Wenn Sie mehrere Vögel pflegen, lohnt sich der Kauf eines Dampfdruckgeräts für den Heimbereich. Sittiche werden nicht stubenrein, und der Kot wird schnell hart und lässt sich kaum ohne Rückstände entfernen.

› Quartieren Sie für die Dauer der Reinigungsmaßnahmen die Vögel in ein anderes Zimmer um.

› Mit dem Dampfdruckreiniger lösen Sie den Kot am und im Käfig. Anschließend wischen Sie mit einem trockenen Tuch nach.

› Alternativ weichen Sie Kotreste vor dem Abwischen mit einem feuchten Tuch ein. Wischen Sie die Gitterstäbe mit einem feuchten Tuch von innen und außen ab. Sittiche halten sich mit ihren Schnäbeln beim Klettern am Gitter fest. Nicht entfernter Schmutz, der in den Schnabel gelangt, kann zu unangenehmen Infektionen führen.

› Reinigen Sie die Unterseite der Sitzstangen, da sich dort oft besonders hartnäckiger Schmutz hält. Ebenso sollten Sie regelmäßig Sitzstangen mit Unterlegscheiben abschrauben und diese säubern.

› Der Boden des Käfigs sollte täglich gereinigt werden, da viele Sittiche dort spielen und nach Futter suchen. Wischen Sie das Bodengitter feucht ab. Wechseln Sie Einstreu regelmäßig, damit es nicht zur Schimmelpilzbildung kommt.

› Spielzeug muss ebenfalls gereinigt werden, denn Kot- und Futterreste kleben auch daran. Kontrollieren Sie jedes Spielzeug sorgfältig auf Verunreinigungen. So haben lästige Parasiten keine Chance, Ihren gefiederten Lieblingen zu schaden.

Pflegemaßnahmen im Überblick	
WIE OFT?	**WAS IST ZU TUN?**
TÄGLICH	Futternäpfe waschen, Gemüsespieße und Obstreste entfernen, Bodengitter abwischen bzw. Einstreu aussieben, evtl. Unterlegpapier/Zeitung wechseln, verdrecktes Spielzeug abwischen, Badewasser wechseln, Bereich um den Käfig staubsaugen, Freisitz kontrollieren und Verunreinigungen entfernen.
WÖCHENTLICH	Käfig oder Voliere innen und außen abwischen oder mit einem Dampfdruckreiniger abdampfen. Vorsicht: Die Vögel dürfen dann nicht im Käfig sein, da der Dampf sehr heiß ist! Spielzeug reinigen und wechseln, angeschraubte Sitzstangen abnehmen und Unterlegscheiben säubern, Einstreu wechseln, Freisitz säubern und mit frischen Ästen und neuem Spielzeug bestücken.
MONATLICH	Alle Sitzstangen entfernen und säubern, alte Sitzstangen durch neue ersetzen, Schaukeln und Leitern umhängen, neues Spielzeug anbieten.
JÄHRLICH	Mineralstein erneuern und Vogellampe ersetzen; auch wenn diese noch hell leuchtet, ist die Maßnahme notwendig, denn die Lampe produziert nun nicht mehr ausreichend UV-Strahlung.

Gesundheitsvorsorge

Sie können Ihre Sittiche mit einer optimalen Gesundheitsvorsorge unterstützen und damit die Immunabwehr der kleinen Vögel stärken. Ein kräftiges Immunsystem gibt den meisten Keimen keine Chance. Bieten Sie den Vögeln eine gesunde und abwechslungsreiche Fütterung anstatt tägliche »Napfroutine«. Fordern Sie ihre natürlichen Instinkte heraus, aktiv nach dem Futter zu suchen – ganz nach dem Motto: Wer fit im Kopf bleibt, profitiert auch körperlich davon. Ebenso wichtig sind das

unerlässliche Training der Muskulatur und des Gleichgewichtssinns durch mehrstündigen Freiflug. Sie runden das Sittich-Fitness-Programm ab.

Die Mauser

Es gibt eine Zeit, in der sich Ihre Vögel unter Umständen unwohl fühlen, träge und apathisch wirken und mit ihren Flugkünsten weit hinter der gewohnten Eleganz zurückbleiben: die Mauser. Sittiche wechseln ihr Gefieder nicht schlagartig, sondern kontinuierlich, da sie dauerhaft flugfähig bleiben müssen. Im Frühjahr und Herbst gibt es zwei Höhepunkte des Mauserzyklus, in denen die zerschlissenen großen Konturfedern durch frische ersetzt werden. Dies ist vor allem nach einem langen Winter ein enormer Kraftakt für die Sittiche, da sie in dieser Zeit große Mengen an Federeiweiß produzieren müssen. Die Vögel sind dann müde und gereizt.

Hilfe willkommen Unterstützen Sie Ihre Tiere in der Mauser mit hochwertigem Eiweiß. Reichen Sie z. B. vermehrt Kochfutter aus Hülsenfrüchten oder geringe Mengen tierisches Eiweiß und installieren Sie eine zusätzliche UV-Quelle (z. B. eine Vollspektrum-Vogellampe). Vor allem für Sittich-Senioren ist die Mauser eine Strapaze. Die Vögel verspüren vermehrt einen Juckreiz durch abgenutztes Gefieder, daher ist es ratsam, die gestresste und empfindliche Vogelhaut täglich mit Sprühbädern zu pflegen.

Besondere Leckereien sollten sich die Sittiche möglichst häufig erarbeiten. Während der anstrengenden Mauser können Sie vermehrt frische Kräuter anbieten, denn sie enthalten viele wertvolle Mineralien.

Gesunde Sittiche durch gute Haltung

Das Wohlbefinden Ihrer Sittiche lässt sich durch einige einfache Maßnahmen beachtlich steigern. Versuchen Sie, für Ihre Pfleglinge möglichst viel Natur in die heimischen vier Wände zu bringen, und gestalten Sie den Alltag der Vögel anregend und möglichst stressfrei.

Tut gut

+ Sittiche benötigen regelmäßig frische Zweige zum Zerstören, Entrinden und Entlauben. Dies fördert nicht nur die Gesundheit des Schnabelhorns, sondern beschäftigt die Tiere stundenlang.

+ Sonnenbäder, in denen die Sittiche die UV-Strahlen der Sonne aufnehmen können, sind wichtig. Ermöglichen Sie daher Ihren Tieren zumindest stundenweise den Freiluftaufenthalt im Käfig, wenn Sie keine Freivoliere besitzen.

+ Sittiche benötigen zwölf Stunden Nachtruhe. Wenn der Tageskäfig in einem zu belebten Raum steht, bieten Sie den Sittichen einen Schlafkäfig mit etwas Futter und Wasser für die Nacht in einem ruhigen Raum an.

Besser nicht

– Das für unsere Augen gleichmäßig wirkende TV-Bild nehmen Sittiche wie ein flackerndes Stroboskop wahr. Ersparen Sie den Tieren diesen Stress und platzieren Sie den Käfig niemals in Sichtweite des Fernsehers.

– Sittiche sind schreckhafte Fluchttiere. Steht ihr Käfig in der Raummitte oder neben einer Tür, können sich die Tiere nicht entspannen. Käfig oder Voliere gehören daher in eine Zimmerecke.

– Vorgefertigte Sitzstangen mit Einheitsdurchmesser und Plastiknäpfe, die mit der Zeit Risse bilden, sind die wichtigsten Urheber von Sohlenproblemen und Infektionen mit Bakterien. Verzichten Sie daher auf das ungesunde Zubehör.

Wenn Sittiche krank werden

Auch bei bester Pflege und ausgewogener Fütterung können unsere Sittiche erkranken. Doch meist sieht man es ihnen nicht an: Sie sind wahre Meister im Verbergen von Krankheiten. Warum aber tun sie das? Die Vögel sind im Freiland Beutetiere – das bedeutet, dass jedes auffällige Anzeichen von Schwäche einem Fressfeind den entscheidenden Hinweis geben könnte, wo leichte Beute zu machen ist. Kränkliche Sittiche, die im Gruppenverband leben, lenken die Aufmerksamkeit von Greifvögeln auf sich. Daher kommt es in der Natur nicht selten vor, dass kranke Artgenossen verjagt oder allein zurückgelassen werden. Im Lauf der Stammesgeschichte haben die Sittiche daher gelernt, sich solange es geht, wie ein gesunder Vogel zu verhalten und gesundheitliche Probleme zu verheimlichen.

Wenn ein Sittich aufgeplustert am Boden sitzt oder beim Fliegen keine Höhe mehr gewinnt, ist höchste Eile geboten: Gehen Sie sofort zum Tierarzt!

Krankheiten erkennen

Vor allem unerfahrenen Haltern kann es große Schwierigkeiten bereiten zu erkennen, wann ein Vogel krank ist. Daher sollte man seine Sittiche am besten jeden Tag kritisch unter die Lupe nehmen. Wenn erst einmal eines der Tiere seine Krankheit nicht mehr verbergen kann, geht es ihm in der Regel schon sehr schlecht – man muss damit rechnen, dass die Beschwerden lebensbedrohlich sind.

Gesundheitskontrolle Wichtigstes Hilfsmittel bei der Gesundheitskontrolle ist eine Küchenwaage. Anhand des Gewichts lässt sich rasch feststellen, ob ein Vogel eventuell krank ist. Wenn der Sittich die Waage nicht freiwillig betritt, kann man mit kleinen Tricks nachhelfen. Praktisch sind kleine Trainingsstände, auf denen sich ein Leckerchen befindet. Fliegt der Sittich auf den Stand, erhält er stets eine kleine Belohnung – und der Halter das aktuelle Gewicht. Veränderungen von über 20 Prozent ohne konkrete Ursache (z. B. Zunahme der Körpermasse eitragender Weibchen) sind nicht normal und sollten unbedingt vom Tierarzt abgeklärt werden.

Warnsignale Beobachten Sie jegliche Änderung im Verhalten Ihrer Vögel. Schläft ein ansonsten lebhaftes Tier mehr als üblich – womöglich noch, ohne den Kopf im Gefieder zu verbergen? Frisst ein Vogel plötzlich Unmengen Futter oder gar nicht mehr? Meiden die Schwarmkollegen aus keinem ersichtlichen Grund einen Artgenossen? All diese Warnsignale sollten auf ihre Ursache hin überprüft werden.

Eindeutige Symptome Untrügliche Anzeichen einer Erkrankung sind Ausfluss aus der Nase, geschwollene Augen, eine mit Kot verklebte Kloake, ein dauerhaft gesträubtes Gefieder und zitternde

Bewegungen, ein wippender Schwanz, deutlich hörbare Atemgeräusche beim ruhigen Sitzen auf dem Ast, Gleichgewichtsstörungen und wässriger Durchfall. Jetzt ist sofortiges Handeln notwendig. Isolieren Sie den auffälligen Vogel und setzen Sie ihn in einen Krankenkäfig. Decken Sie eine Hälfte mit einem Tuch ab und bestrahlen Sie die andere mit einem Wärmestrahler. Auf diese Weise kann der Vogel selbst entscheiden, ob er lieber im Dunkeln oder im Warmen sitzen möchte. Die meisten Sittiche überwinden viele leichte Erkrankungen in wenigen Stunden. Erholt sich der kranke Vogel nicht, sollte spätestens nach 24 Stunden ein Tierarzt zurate gezogen werden.

Erste Hilfe bei Unfällen

Besonders aufwühlend für den Halter sind Unfälle, die den Vogelbesitzer häufig aus heiterem Himmel und völlig unvorbereitet treffen. Sie müssen im Notfall die Zeit, bis der Tierarzt sich um den gefiederten Patienten kümmern kann, als Ersthelfer überbrücken. Richtiges und besonnenes Handeln rettet Ihrem Sittich womöglich das Leben. Wappnen Sie sich daher rechtzeitig vor dem Notfall, der auch bei noch so gut abgesichertem Freiflug eintreten kann.
Unfallursachen Die Vögel können mit Fensterscheiben, Türen oder Wänden kollidieren, sich bei Beißereien mit anderen Vögeln oder Haustieren blutende Wunden zuziehen, sich vergiften, sich im Türspalt einklemmen oder mit der Kralle an einem Stück Stoff hängen bleiben. Die Tiere reagieren bei Unfällen häufig panisch und stehen unter Schock. Wichtig ist in diesem Moment, dass Sie als Halter die Ruhe bewahren und die Verletzung versorgen.
Notfallapotheke Kurz nach dem Erwerb der Vögel sollten Sie sich eine umfassende Notfallapotheke anschaffen, bei deren Zusammenstellung Ihnen der

Bieten Sie dem Patienten im Krankenkäfig die Wärmequelle so an, dass er jederzeit zwischen warm oder kühl wählen kann, und sorgen Sie für Ruhe.

Tierarzt gerne behilflich ist. Unverzichtbar für die Grundausstattung sind eine dreiprozentige Eisen-III-Chlorid-Lösung, sterile Tupfer und Kompressen zur Blutstillung, ein Handtuch, um Vögel mit Knochenbrüchen einzuwickeln, eine Schere, Mullbinden, eine Spritze, um verletzten Vögeln Flüssigkeit oder Medikamente in den Schnabel zu geben, eine Pinzette zum Entfernen von Fremdkörpern oder zum Ziehen blutender Federkiele, eine Kochsalzlösung aus der Apotheke zum Spülen von Wunden und ein Wärmestrahler. Ebenfalls wichtig ist eine Liste mit Telefonnummern, die man in der Aufregung meist nicht zur Hand hat: die Nummer des Tierarztes und des Taxidienstes oder eines Bekannten, wenn man kein eigenes Fahrzeug besitzt. Eine Krankenbox für den Transport (findet man im Zoofachhandel beim Zubehör für Katzen) muss ebenfalls parat stehen. Im Ernstfall darf keine Zeit verschenkt werden.

Der Besuch beim Tierarzt

Wann zum Tierarzt? Nicht jede Fahrt zum Veterinär ist ein Notfalltransport. Umsichtige Vogelhalter stellen ihre Pfleglinge regelmäßig (einmal pro Jahr) einem Tierarzt vor, der sich mit der Behandlung von Papageien auskennt. Bei diesen Routineuntersuchungen können Krankheiten und Probleme frühzeitig erkannt und behandelt werden. Vor allem ältere Sittiche im dritten oder vierten Lebensjahrzehnt profitieren von den regelmäßigen Check-ups, da der Tierarzt nach genauer Diagnose und aufgrund langjähriger Beobachtung der gesundheitlichen Verfassung eine Reihe altersbedingter Beschwerden lindern kann, z. B. Arthrose mit schmerzstillenden Medikamenten. Vergessen Sie nicht, dass Sie daheim womöglich einen Großteil der Behandlung selbst in die Hand nehmen müssen. Besprechen Sie daher ausführlich die Vorgehensweise mit dem Tierarzt und lassen Sie sich im Zweifel zeigen, wie man dem Vogel Medikamente in den Schnabel gibt.

Transport Die Fahrt zum Tierarzt sollte der Sittich möglichst stressfrei erleben. Ein Transportkäfig wird mit einem Handtuch ausgelegt und einer Sitzstange versehen. Nicht alle Sittiche lassen sich gerne mit dem Fahrzeug herumfahren und reagieren panisch, wenn die Box mit einem Tuch abgedunkelt wird. Erlauben Sie dem Vogel zumindest im Bereich der vorderen Klappe die Aussicht und Orientierung.

In der Sprechstunde Sie sollten dem Tierarzt ein möglichst genaues Bild von der Haltung vermitteln können. Da die meisten Krankheiten bei Sittichen ernährungsbedingt sind, notieren Sie Ihre tägliche Futterroutine und zeigen Sie dem Veterinär notfalls das von Ihnen verwendete Futter. Ein gründlicher Vorbericht über die Haltungsbedingungen ist für die Diagnostik äußerst wichtig, denn viele Laborbefunde lassen sich nicht sofort einer konkreten Ursache zuordnen. Eine sinnvolle Routineuntersuchung, vor allem wenn es sich um die Erstuntersuchung handelt, ist daher umfangreich. Der Tierarzt wird den Vogel in die Hand nehmen, seine Augen und Ohren, sein Gefieder, seine Kloake sowie den Rachenraum inspizieren und Abstriche für das Labor nehmen. Bringen Sie ihm frischen Kot zur weiteren Analyse mit, besonders wenn Sie den Verdacht haben, der Vogel könne unter Verdauungsproblemen leiden. Ein guter Tierarzt arbeitet schnell, da jeder seiner Handgriffe geübt ist. Das gilt auch für die Blutprobe, die am besten mit einer speziellen Kanüle aus der Halsvene entnommen wird. Selbst bei winzigen Grassittichen lässt sich eine Blutdiagnostik durchführen, die wertvolle Hinweise auf eventuelle Stoffwechselstörungen liefert.

Infektionskrankheiten

Zu den größten Gefahren für Sittiche gehören Virusinfektionen, die anders als tierische Parasiten und infektiöse Bakterien oder Pilze nur mühsam oder kaum bekämpft werden können. Neuzugänge, die bei Ihnen zunächst eine Quarantäne durchlaufen (→ Seite 31), sollten einen Bluttest auf die wichtigsten Viruserkrankungen bestehen, bevor Sie sie in den Schwarm oder zum neuen Partner setzen. Dazu gehört die Überprüfung der hochansteckenden Schnabel-und-Feder-Krankheit (PBFD) und der neuropathischen Drüsenmagendilatation (PDD), die wohl durch Bornaviren ausgelöst wird. Die gefürchtete »Papageienkrankheit« (Psittakose) kann heute, sofern frühzeitig erkannt, erfolgreich behandelt werden. Beachten Sie, dass ihre Erreger aus der Gruppe der Chlamydien auch auf Menschen übertragbar sind. Sollten Sie im Zweifel sein, ob der gelblichgrüne, wässrige Kot auf Psittakose zurückzuführen ist, ziehen Sie einen Veterinär zurate.

Die wichtigsten **Krankheiten**

KRANKHEIT	SYMPTOME	URSACHE / BEMERKUNGEN
ASPERGILLOSE	Apathie, Kurzatmigkeit, Krämpfe, häufig kleine Nebeninfekte, die nur langsam abklingen	Pilzsporen der Gattung *Aspergillus*; Belastung des Atemapparats einschließlich der Luftsäcke, mitunter Ausbildung entzündeter Gewebeknoten im Körper
DIABETES	Vogel friert häufig, zittert, Körpergewicht schwankt außergewöhnlich stark, Vogel leidet unter permanentem Durst	Meist eine Folge von massivem Übergewicht durch Fehlernährung; gelegentlich bei alten Vögeln oder bei Tieren, die lange mit Medikamenten behandelt wurden
FETTLEBER	Fehlfarben (gelb, rot, braun) im Gefieder (ungleichmäßige Verteilung), Rupfen am Bauch	Vor allem einseitige Ernährung oder deutliche Überversorgung mit zu fettreichen Samen
NEUROPATHISCHE DRÜSENMAGEN-DILATATION (PDD)	Starke Schwankungen beim Körpergewicht, ruckartiges Zucken des Kopfes, unverdaute Körner im Kot	Vermutlich durch Bornaviren ausgelöst; Vögel können jahrelang Träger ohne Symptome sein
NIEREN-ERKRANKUNG	Vogel trinkt sehr viel, Urinanteil in den Ausscheidungen ist sehr hoch, Rupfen an Bauch und Beinen	Viele Ursachen möglich: bakterielle Infektionen, Vergiftungen mit Schwermetallen oder durch ungeeignete Zimmerpflanzen, zu hoher Konsum tierischer Futterstoffe
PSITTAKOSE	Entzündete Augenregion, gelblichgrüner, übel riechender und wässriger Durchfallkot	Infektion mit *Chlamydophila psittaci*; anzeigenpflichtige Vogelseuche, die auch den Menschen gesundheitlich gefährden kann
SCHNABEL-UND-FEDER-KRANKHEIT (PBFD)	Starke abnormale Veränderungen des Horns, Federausfall, Apathie, Gewichtsverlust	PBFD-Virus; die kaum behandelbare Krankheit tritt bei Sittichen selten auf, die Vögel können aber das Virus in sich tragen und verbreiten, ohne dass man es ihnen ansieht
SCHWERMETALL-VERGIFTUNG	Erbrechen, blutiger Durchfall, starkes ruckartiges Zucken des Kopfes, Krämpfe, Lähmungen	Aufnahme von Zink oder Blei durch Nagen oder Verschlucken schwermetallhaltiger Gegenstände
SINUSITIS	Entzündung der Nasennebenhöhlen, wässriger oder eitriger Ausfluss am Nasenloch, Federverlust in der meist geschwollenen Augenumgebung	Meist durch bakterielle Infektionen ausgelöst; wird gelegentlich mit der durch Chlamydien verursachten Bindehautentzündung verwechselt

Nachwuchs bei Sittichen

Wenn sich ein Sittichpärchen bei Ihnen daheim wohlfühlt, wird es sich vermutlich irgendwann fortpflanzen wollen. Wer sich für die Haltung eines echten Paares oder einer Gruppe entschlossen hat, sollte sich daher im Vorfeld darüber informieren, was es bedeutet, wenn die Tiere Junge aufziehen. **Fürsorgliche Eltern** In der Regel sind die Altvögel gute Eltern. Die meisten ziehen, sollten die Eier im Gelege tatsächlich befruchtet sein, ihre Nestlinge problemlos und liebevoll auf. Ein Einschreiten des Halters, eine künstliche Bebrütung der Eier oder die Handaufzucht vernachlässigter Jungvögel sind eher Ausnahmen. Bitte bedenken Sie, dass einige Arten bis zu fünf Junge pro Gelege aufziehen, z. B. Ziegensittiche und Rosellasittiche.

In Brutstimmung

Ein brutlustiges Sittichpaar ist leicht am Verhalten zu erkennen. Mindestens zweimal im Jahr, wenn die Balz ihren Höhepunkt erreicht, untersuchen vor allem die Weibchen jede verfügbare Ritze in der Wohnung. Man findet seine Vögel plötzlich hinter

Der Fortpflanzungstrieb ist bei Sittichen sehr groß. Diese beiden werden sicher in der nächsten Zeit die Wohnung auf der Suche nach einer Nisthöhle durchstreifen.

dem Sofa oder im Küchenschrank wieder, der überraschend heftig verteidigt wird. Diese Aggressivität ist auch der Grund, warum viele australische Sittiche so schlecht mit übrigen Vogelarten zu vergesellschaften sind. Sie dulden in der Brutzeit keine Konkurrenten. Das gilt insbesondere für Singsittiche, deren Männchen in dieser Zeit wie ausgewechselt sind. Halter mit einer angeschlossenen Freivoliere und einem Nistkasten sind nun eindeutig im Vorteil, da sie ihren Vögeln in der Brutzeit die nötige Privatsphäre bieten können. Friedliche Arten wie Katharinasittiche und Ziegensittiche brüten hingegen gern in kleinen Gruppen und lassen den Halter sogar aktiv an der Aufzucht teilhaben.

Nistkasten vorbereiten Der Zoofachhandel bietet eine große Auswahl an Nistkästen an. Die meisten Sitticharten sind wenig wählerisch und akzeptieren bereitwillig jede solide Box mit einer geeigneten Einstreu. Hier hat sich grobes Buchenholzgranulat bewährt, da es die Nässe gut aufsaugt und kaum versehentlich in die Atemwege der Nestlinge geraten kann. Sie als Halter müssen auf jeden Fall Ihre Notfallapotheke mit Handaufzuchtfutter und Futterspritzen in geeigneter Größe aufstocken. Der Kontakt zu einem erfahrenen Züchter ist anzuraten. Er wird Ihnen im Notfall mit Rat und Tat zur Seite stehen, wenn es bei der Fortpflanzung zu Problemen kommen sollte.

Katharinasittiche sind Koloniebrüter. Mitunter nisten sogar mehrere Paare gleichzeitig in einem Nistkasten.

Beringung Bedenken Sie bei aller Euphorie, dass die kleinen Kerlchen beringt werden müssen. Gelegenheitszüchter können in Absprache mit dem Tierarzt Ringe beantragen. Sittichhalter, die regelmäßig Jungvögel zu kennzeichnen haben, sollten eine Zuchtgenehmigung beim zuständigen Amt (nach Bundesland verschieden) beantragen. Damit können Sie Ringe bei den großen Zuchtverbänden (AZ, VZE, DKB), beim BNA oder bei ZZF (→ Adressen, Seite 62) bestellen. Voraussetzung für die Erteilung dieser Genehmigung ist der Nachweis der Sachkunde – diese wird in der Regel vom zuständigen Amtsveterinär überprüft – und das Vorhandensein eines Quarantäneraums für kranke Vögel, der über eine separate Wasserversorgung verfügt.

Nur keine Langeweile

Der Alltag und das Verhalten der Sittiche sind so vielfältig wie die Lebensräume, in denen sie leben. Während die australischen Arten ein eher unabhängiges Wesen haben und stets auf der Suche nach Nahrung sind, widmen sich südamerikanische Sittiche gern längere Zeit den Artgenossen, dem Halter oder einem Spielzeug.

Viel Action gewohnt!

Australier, zu denen Bourkesittiche und Schönsittiche zählen, sind in den frühen Morgenstunden und am späten Abend aktiv. Während dieser Zeit ist es in ihrem natürlichen Lebensraum kühl genug, um auf Nahrungssuche zu gehen. Die Angewohnheit, relativ spät am Tag nochmals richtig aktiv zu werden, behalten diese Sittiche auch in Menschenobhut bei. Daher sind sie optimal für tagsüber berufstätige Halter geeignet, die sich nach der Arbeit mit ihren Tieren beschäftigen möchten. Die konstanten Temperaturen in unseren Wohnungen bedingen, dass die kleinen Vögel bei uns sogar noch länger aktiv sind als ihre frei lebenden Verwandten. Allerdings fliegen sie auch bei täglichem Freiflug kaum die Strecken, die sie im Freiland bewältigen müssten. Bieten Sie daher Ihren Tieren viele Möglichkeiten zur sportlichen Betätigung an, denn diese Arten neigen dazu, rasch übergewichtig zu werden.

Familienanschluss erwünscht

Südamerikanische Sittiche schätzen vor allem die Nähe zur Familie. Kontaktrufe mit Artgenossen und die Kommunikation mit den Familienmitgliedern stehen im Vordergrund. Egal ob Sie kleine Kletterspezialisten wie Katharinasittiche oder Flugakrobaten wie Sonnensittiche halten: Ohne ausreichendes Beschäftigungsangebot fühlen sich diese Arten unwohl und unausgeglichen. Im Freiland suchen die neugierigen und geselligen Tiere in der Gruppe nach Futter, spielen im Geäst und ruhen gemeinsam in Schlafnestern. »Niemals allein« ist auch ihre Devise in der Wohnung. Dort suchen sie im Schwarm jeden Quadratmeter nach Spielmöglichkeiten und verstecktem Futter ab. Umsichtige Halter legen daher auf einen spannend gestalteten Freiflugbereich genauso viel Wert wie auf eine fantasievoll gestaltete Innenvoliere.

Spiel- und Beschäftigungsideen

Die Sittiche halten sich viel im Käfig oder in der Voliere auf, daher sollte dieser »Lebensraum« so abwechslungsreich wie möglich gestaltet werden.

Training für die Fitness

In den Volieren selbst können die Tiere kaum fliegen, sondern nur flattern, hüpfen und klettern. Schwingende Elemente wie Schaukeln, Triangeln und Spiralen gewährleisten, dass die Vögel ihren Gleichgewichtssinn bei einem längeren Aufenthalt in der Voliere trainieren. Bringen Sie schwingende Elemente so im Käfig an, dass die Sittiche hüpfen oder flattern müssen, um die nächste Sitzgelegenheit zu erreichen. Die kletternden Katharinasittiche freuen sich über kreuz und quer installierte Äste, an denen sich möglichst viele Blätter befinden sollten.

Spannendes Spielzeug

Der Zoofachhandel bietet zahlreiche Spielzeuge für Sittiche an. Vermeiden Sie spiegelnde Elemente, denn die Tiere fixieren sich auf ihr Spiegelbild und werden aggressiv, wenn man sich dem Spielzeug nähert. Blinkende und lautgebende Elemente wie Glöckchen, Hartplastik- oder kleine Metallteile sind sehr beliebt und werden ausgiebig untersucht. Kombiniert mit Bast-, Leder- und Holzanteilen eignen sich diese Elemente wunderbar dazu, die Vögel zu beschäftigen. Bevorzugen Sie kleine Spielzeuge. Zu große Stücke werden von den Tieren ignoriert und haben ihren Zweck verfehlt. Die Akzeptanz für ein Spielzeug ist besonders hoch, wenn es direkt neben dem Vogel hängt. Achten Sie darauf, dass der Sittich das Spielzeug erreichen und sich bequem im Sitzen damit beschäftigen kann. Um den Lebensraum dauerhaft interessant zu gestalten, sollten Sie einmal wöchentlich alle Spielzeuge auswechseln. Ein absolutes Lieblingsstück darf natürlich in der Voliere bleiben.

Raffinierte Verstecke

Korkröhren, Sandwannen, Papier und Pappe eignen sich gut als Verstecke. Platzieren Sie größere Korkröhren auf dem Boden und legen Sie Leckereien hinein. In Sand- und Kieswannen können Arten, die am Boden nach Futter suchen, ihrem Bedürfnis nachgehen, im Erdreich zu graben. Weidenbälle sind ideale Verstecke für Hirsestückchen. Reihen Sie mehrere dieser Bälle aneinander und hängen Sie sie mit einem Bastfaden auf. Dieses Beschäftigungsspielzeug ist gleichzeitig ein schaukelndes Sportgerät. Auch in kleinen Schachteln lassen sich Leckerchen verstecken, die die Vögel herausnagen müssen. Engagierte Halter können mit Falttechniken kleine Körbchen aus Papier basteln und diese, mit Futter gefüllt, in die Voliere hängen.

Vorsicht, **gefährliches Spielzeug!**

Spielzeuge dürfen keine verzinkten oder bleihaltigen Bestandteile enthalten, sonst droht eine Schwermetallvergiftung. Ebenso dürfen die Gegenstände weder scharfe Ecken oder Kanten noch spitze Metallenden aufweisen. Lange Baumwollfäden bergen die Gefahr, dass sich die Krallen der Sittiche darin verfangen. Die Fäden sollten daher mit einer Schere kurz abgeschnitten werden.

BUNTE FARBEN faszinieren Sittiche sehr. Glitzerndes und lautgebendes Spielzeug fesselt besonders die Aufmerksamkeit der temperamentvolleren Arten. Kombinationen aus weichem, zerstörbarem Material wie Kautschuk oder Stoff mit harten Anteilen aus Acryl scheint viele Sittiche sehr zu reizen, und sie können sich lang mit diesem Spielzeug beschäftigen. Wichtig ist, dass das Spielzeug klein genug und nicht zu schwer ist, damit die Vögel nicht überfordert werden.

HOLZSPIELZEUG ist wichtig für Sittiche, denn die Vögel müssen ihren natürlichen Nagetrieb befriedigen. Achten Sie darauf, dass die Holzanteile nicht zu groß und zu dick sind, denn der kleine Schnabel benötigt einen guten Ansatzhebel, um Holzstücke herauszunagen. Wählen Sie möglichst weiche Holzsorten. Wenn der Vogel kein Erfolgserlebnis hat, wird er nicht mehr weiternagen, und der Schnabel wird sich nicht abnutzen.

HANDSPIELZEUG eignet sich gut als Beschäftigung für den Freiflug. Stellen Sie den Vögeln eine größere Auswahl zur Verfügung. Die Sittiche lernen sogar, Spielzeug zum Halter zu bringen.

Der sichere Freiflug

Der tägliche Freiflug ist für alle die schönste Zeit des Tages. Damit die Atmosphäre während des gemeinsamen Spiels entspannt und freundlich ist, sollten Sie einige Dinge beachten.

Barrieren entfernen Die meisten Sittiche fliegen schnell und wendig. Diese hohe Geschwindigkeit kann zum Problem werden, wenn die Vögel Barrieren wie Fensterscheiben nicht erkennen. Hängeampeln mit ungiftigen Pflanzen, wie Dreimasterblume *(Tradescantia)* oder Grünlilie *(Chlorophytum)*, bremsen die Tiere ab und sind eine schöne Zimmerdeko. Auch Fensterbilder eignen sich als Sichtbarriere. Verwenden Sie aber bitte keine Greifvogelsilhouetten am Fenster, sie machen den Sittichen Angst.

Türen sichern Zuschlagende Türen sind oft die Ursache für Verletzungen, wenn die Sittiche auf den Türen sitzen oder gerade hindurchfliegen wollen. Türstopper aus der Babyfachabteilung sorgen dafür, dass die Türen nicht mehr ganz schließen. So bleiben empfindliche Sittichfüße verschont.

Auf ins Abenteuer! Sonnensittiche lieben den Freiflug und genießen es, temperamentvoll durch alle Zimmer zu fliegen. Jetzt heißt es, Fenster und Türen zu sichern, damit den kleinen Akrobaten nichts zustößt.

Bruttrieb unterbinden Viele Sittichweibchen versuchen, dunkle Ecken als Bruthöhle zu nutzen. Ein unbeobachteter Moment reicht ihnen, und schon muss der Halter sich auf die Suche nach seinem gefiederten Liebling machen. Verschließen Sie alle dunklen Ecken und beschäftigen Sie weibliche Vögel mit reichlich Nagemöglichkeiten.

Giftiges beseitigen Gegenstände und Pflanzen, die für die Vögel giftig sind, sollten Sie während des Freiflugs entfernen. Verlassen Sie sich nicht darauf, dass die Sittiche einen bestimmten Gegenstand oder eine bestimmte Pflanze nicht annagen.

Alle informieren Die Zeit des Freiflugs sollte allen Familienmitgliedern bekannt sein. So vermeiden Sie, dass jemand die Tür öffnet und womöglich ein Sittich entfliegen kann. Ein Infoschild an der Klinke sorgt dafür, dass Eintretende vorsichtig sind.

Kein Futter Reichen Sie während des Freiflugs kein reguläres Futter. Leckerchen für ein Training und frisches Grünzeug am Freisitz werden die Tiere nun besonders reizen. Erst wenn der Freiflug beendet ist, zeigen Sie Ihren Vögeln den gefüllten Fressnapf und locken sie damit in die Voliere.

Keine Lust auf den Käfig

Weigern sich die Vögel, in ihre Voliere zurückzukehren, kann dies verschiedene Gründe haben. Verbinden Sie die Rückkehr stets mit einem angenehmen Erlebnis, etwa einem feinen Leckerchen. Nie sollten Sie Gewalt anwenden, denn das zerstört dauerhaft das Vertrauen. Sollten Sie außer Haus müssen, entfernen Sie alle gefährlichen Gegenstände und den Futternapf. Wasser muss den Vögeln zur Verfügung stehen. Die Sittiche werden warten, bis Sie wieder daheim sind, und dann hungrig sein. Nun werden sie sich in die Voliere setzen lassen – und erhalten dafür ein besonders feines Leckerchen.

Gefahren ausschließen

TIPPS VOM
SITTICH-EXPERTEN
Rainer Niemann

Viele Gefahren sind auf den ersten Blick kaum erkennbar. Daher muss der Raum vor dem Freiflug der Vögel kurz kontrolliert werden.

TÜREN, FENSTER Schließen Sie Türen zu Räumen, in die die Tiere nicht fliegen dürfen, und Fenster ohne Extravergitterung. Ebenso müssen gekippte Fenster geschlossen werden, da die flinken Flieger sich möglicherweise in den Fensterschlitz fallen lassen, wenn sie Angst bekommen.

HEISSES UND GIFTIGES Brennende Kerzen, Tassen mit heißen Getränken oder Stövchen müssen entfernt werden. Giftige Dämpfe von teflonbeschichteten Kochgegenständen, Bügeleisen oder Föhnen sowie von Duftkerzen oder Raumsprays sind für Sittiche mitunter tödlich. Glitzernde Metallgegenstände reizen die Vögel zum Benagen, was zu Schwermetallvergiftungen führen kann. Beseitigen Sie daher diese Gegenstände.

OFFENES WASSER Auch mit Getränken gefüllte Gläser, Wassereimer oder nicht geschlossene Toiletten können zu gefährlichen Fallen werden, in denen die Sittiche ertrinken können.

Einladender Freisitz

Während ihres Freiflugs müssen die aktiven und bewegungsfreudigen Sittiche einige gute Anflugmöglichkeiten vorfinden – die Freisitze.

Stehender Freisitz

Standort Der Freisitz steht idealerweise weit entfernt von der Voliere, damit die Sittiche lange Strecken fliegen müssen. Ein Standort vor dem Fenster oder in der prallen Sonne ist ungeeignet. Als Beutetiere suchen Sittiche sichere Landeplätze, die ihnen Schutz vor möglichen Feinden bieten. Der Sockel des Freisitzes muss so stabil sein, dass er nicht kippt, wenn die Vögel mit Schwung auf ihm landen. Gut dafür geeignet sind große, flache, mit Beton ausgegossene Blumentöpfe.

Spannende Gestaltung Als Basis des Freisitzes wählt man einen stabilen, dicken Ast, in den man Löcher als Anker für frische Zweige bohrt. Kleinere Arten, wie Rotschwanz-, Katharina-, Schön- und Kanarienflügelsittich, schätzen es, wenn ihnen oft frische Zweige angeboten werden. Im dichten Blätterwerk können sich die Tiere verstecken und einen Teil ihres natürlichen Verhaltens ausleben. Im Herbst und Winter lassen sich die entlaubten Äste mit Spielzeug und Papier bestücken. Als Klettermöglichkeit eignen sich zwischen den Ästen befestigte Hanf- oder Sisalseile. Südamerikaner, wie Sonnen-, Katharina- und Rotschwanzsittich, freuen sich über Höhlen aus Küchenhandtüchern und Stoffnestern, in die sie kriechen können. Verzichten Sie auf größere Pappkartons als Ruheplatz und Spielmöglichkeit, denn diese fördern den Bruttrieb. Der Boden unterhalb des Freisitzes muss leicht zu reinigen sein. Eine Teppichunterlage ist daher ungeeignet, da der Urin der Vögel in die Fasern eindringt.

Platzsparende Spielplätze

Wer nicht genug Platz für einen stehenden Freisitz hat, weicht auf Tisch- und Hängefreisitze aus.

Hängefreisitze Neben Triangeln und Spiralen eignen sich aufgehängte Weidenkörbe, die man mit

Spiralen, Triangeln und Schaukeln sind in kleineren Wohnungen gute Anflugalternativen zu stehenden Freisitzen. Sie werden von den Katharinasittichen gern genutzt.

Spannende Tischfreisitze sorgen dafür, dass die Sittiche auch während des Freiflugs immer wieder interessante und neue Spiel- und Beschäftigungsmöglichkeiten vorfinden. Mit etwas Ideenreichtum lässt sich dieser Freisitz schnell umdekorieren und bleibt so langfristig für die beiden Südamerikaner reizvoll.

Kräutern und Spielzeug füllt. Kletternetze, aufgepeppt mit Spielzeug, können die Tiere gut beschäftigen. Hängefreisitze sollten nicht in Türnähe angebracht werden. Selbst wenn die Tür beim Öffnen nicht den Freisitz berührt, kann ein anfliegender Vogel durch eine sich öffnende Tür verletzt werden. **Tischfreisitze** Sittiche, die Nahrung am Boden suchen, freuen sich über eine kleine Abenteuerlandschaft in Form eines Tischfreisitzes. Der Zoofachhandel bietet einige schöne Modelle an, die

Sie zusätzlich noch mit Naturzweigen, Seilen, Leitern und Schaukeln sowie Spielzeug aufpeppen können. Oder Sie bauen sich solch einen Minispielplatz einfach selbst. Nehmen Sie dafür eine stabile Holzplatte und gestalten Sie mit Zweigen sowie Steinen, grobem Kies, Moos, Korkröhren und Sand Ihre ganz individuelle Spielwiese. Diese werden die Vögel mit Begeisterung erforschen. Verschmutztes Material sollten Sie unbedingt gleich nach jedem Freiflug entfernen, um Infektionen zu vermeiden.

Mit Sittichen auf Du und Du

Sittiche wurden in der Vergangenheit in ihren Möglichkeiten häufig unterschätzt. Als hübsche Volierentiere fristeten sie ein monotones Dasein und hatten keine Gelegenheit, ihre Intelligenz zu zeigen. Inzwischen wissen wir, dass die Tiere neugierig, lernfähig und stets mit Spaß bei der Sache sind.

Vertrauen aufbauen Gegenseitiges Vertrauen ist die Voraussetzung für eine erfolgreiche Interaktion mit dem Menschen, denn als Beutetiere suchen die kleinen Vögel oft ihr Heil in der Flucht. Ein paar kleine Tricks können helfen, die erste Scheu der Tiere zu überwinden und rasch Freundschaft zu schließen.

Schüchterne Australier

Vor allem die australischen Sitticharten sind sehr vorsichtig und lassen sich durch überhastete Bewegungen schnell verunsichern. Gerade in der ersten Zeit der Eingewöhnung sollten Sie daher genau auf die Körpersprache der Tiere achten. Haben Sie das Gefühl, dass sich die Vögel unwohl fühlen, so ziehen Sie sich sofort zurück. So lernen die Australier, dass ihre Körpersprache respektiert wird, und können mehr Nähe zulassen. Die Versorgung des Käfigs sollte bei besonders scheuen Sittichen zu Beginn mit etwas abgewandtem Kopf erfolgen. Wenn Sie die Tiere gleichzeitig mit beiden Augen fixieren, üben Sie Druck auf die Vögel aus, und diese können sich nicht mehr entspannen. Summen, pfeifen und sprechen Sie leise mit ihnen und lassen Sie nach Beendigung der Arbeiten ein Leckerchen in den Napf fallen. Alle Interaktionen zwischen Ihnen und den Vögeln sollen so positiv wie möglich sein.

Leckerchen als Lockmittel Beobachten Sie in der Kennenlernphase, welche Leckerchen am liebsten gefressen werden. Diese geben Sie eine Woche lang nicht mehr in den Napf, damit die Attraktivität der Leckerchen groß ist, wenn Sie schließlich beginnen, mit den Sittichen zu arbeiten. Besonders in der Anfangsphase neigen viele Halter dazu, sich lange Zeit mit einem Stückchen Hirse vor die Voliere zu setzen. Das ist mühsam und führt dazu, dass die Sittiche durch die bloße Anwesenheit des Hal-

Ist die erste Scheu überwunden, wird zwischen diesen beiden Spielgefährten eine Freundschaft wachsen, die jahrzehntelang halten kann.

1 LOCKEN Bieten Sie dem Tier das Leckerchen nur aus der Hand an, wenn es sich dafür interessiert. Locken Sie den Sittich zu sich an die Gitterstäbe.

2 GEWÖHNEN Ist aus der Fütterung durch die Gitterstäbe Routine geworden, öffnen Sie die Käfigtür und füttern den Sittich aus der Hand. Beobachten Sie stets die Körpersprache des Vogels.

3 ÜBERZEUGEN Jetzt hat der Sonnensittich Vertrauen gefasst und steigt bereitwillig auf den Arm. Mit etwas Übung wird er bald handzahm sein.

ters unter Dauerstress stehen. So kann kein Vertrauen wachsen. Bieten Sie Leckerchen für einen kurzen Moment, etwa eine Minute, an und beobachten Sie, ob der Vogel Interesse hat. Bewegt er sich nicht auf das Leckerchen zu, entfernen Sie es und kommen einfach in zehn Minuten noch einmal wieder. Der Sittich hatte vermutlich gerade keinen Hunger oder muss erst über Ihr Angebot nachdenken. Sobald sich der Vogel auf das Leckerchen zubewegt, kommen Sie ihm ein kleines Stück entgegen. Schnell wird auf diese Art und Weise aus Ihnen und Ihren Vögeln ein Team.

Temperamentvolle Südamerikaner

Während die schüchternen Australier zu vielen Aktivitäten ermuntert werden müssen, sind Südamerikaner oft kaum zu bremsen. Im Käfig tollen sie umher, und im Freiflug kleben sie am Halter. Die Vögel müssen erst lernen, an bestimmten Orten zu spielen und allein dort zu bleiben. Dieses Verhalten wäre ihnen im Freiland völlig fremd, denn als Tiere, die im Familienverband leben, suchen sie stets Kontakt. Südamerikanische Arten sollten Sie immer kontrol-liert füttern, damit Sie reichlich Leckerchen zur Bestätigung erwünschten Verhaltens zur Verfügung haben. Machen Sie sich eine Liste mit Verhaltensweisen, die Sie bei den Vögeln unterstützen möchten. Bestätigen Sie die Tiere immer genau in dem Moment mit Leckerchen und Lob, in dem sie das Verhalten – z. B. ruhiges Spiel auf dem Freisitz oder längere Beschäftigung mit Spielzeug – zeigen.

Motivationshilfe für Schüchterne

Vorsichtige Vögel brauchen etwas Motivationshilfe, um sich dem Halter im Freiflug zu nähern. Suchen Sie sich anfangs eine ruhige Beschäftigung wie Lesen, Musik hören oder Stricken und stellen Sie eine Schale mit Leckerchen in Ihre Nähe. Dieser Versuchung werden die scheuen Tiere bald nicht mehr widerstehen können. Machen Sie jetzt keine unbedachten Bewegungen, denn dies würde die Sittiche aufschrecken. Entspannen Sie sich und beobachten Sie das muntere Treiben neben sich. Beim nächsten Mal steht die Schale etwas näher bei Ihnen, bis sie schließlich auf Ihrem Knie liegt. Bald wird aus der täglichen Fütterung auf Ihren Knien Routine.

Mit dem Vogel trainieren

Die folgenden Übungen festigen das freundschaftliche Verhältnis zwischen Halter und Tier und lassen sich mit wenig Zeitaufwand trainieren. Oft ist es nicht einmal nötig, den Vogel zu berühren. Trotzdem haben beide viel Spaß miteinander.

Übungen für Einsteiger

Turn-around Eine leichte Übung, bei der der Vogel Futter aus der Hand akzeptieren muss, ist das Drehen um die eigene Achse (»Turn-around«). Das Tier sitzt auf einer Stange, unter der der Halter durchgreifen kann. Zeigen Sie Ihrem gefiederten Partner das Leckerchen und führen Sie es dann unter ihm auf die andere Seite der Stange durch. Sobald der Sittich dem Leckerchen gefolgt ist und sich umgedreht hat, ziehen Sie die Hand mit dem Leckerchen wieder auf der anderen Seite nach vorn, sodass sich der Vogel um die eigene Achse gedreht hat. Jetzt erhält der Vogel sofort sein Leckerchen. Im Lauf der Zeit wird die Strecke, die die Hand unter dem Vogel durchgeführt werden muss, immer kleiner, bis ein einfaches verbales Signal, z. B. »Dreh dich«, dazu ausreicht, dass sich der Vogel dreht.

Adler Diese Übung basiert auf einer natürlichen Verhaltensweise: Der Sittich streckt gleichzeitig beide Flügel. Tragen Sie stets ein Leckerchen bei sich, denn nun müssen Sie zufällig auftretendes Verhalten belohnen. Wann immer Sie sehen, dass das Tier seine Flügel dehnt, sagen Sie laut »Adler« und bestätigen sofort mit einem Leckerchen. Am Anfang wird sich der Vogel wundern, aber schnell hat er den Zusammenhang zwischen dem Dehnen der Flügel und der Belohnung erkannt. Jetzt ist es an Ihnen, dieses Verhalten immer wieder abzurufen.

Übung für Fortgeschrittene

Retrieve Das Bringen eines Gegenstands (engl. *retrieve*) ist eine schwierigere Übung. Sie brauchen einen leichten Plastikchip und ein Gefäß. Ihr Vogel sitzt auf der Stange und sieht Ihnen zu. Bieten Sie ihm den Chip an, damit er ihn mit dem Schnabel ergreift. Nun halten Sie das Gefäß so unter den Vogel, dass der Chip hineinfallen wird, wenn das Tier den Schnabel öffnet, wenn Sie ihm ein Leckerchen zeigen. Sobald der Chip im Napf ist, geben Sie dem Vogel das Leckerchen. Fällt der Chip daneben, geben Sie nichts, denn die Übung wurde nicht korrekt ausgeführt. Tadeln Sie Ihren kleinen Partner nicht, denn er hat nichts falsch gemacht. Für ihn sind diese Übungen ein Spiel und eine Möglichkeit, sich Leckerchen zu erarbeiten. Falscher Ehrgeiz hat hier nichts verloren. Wenn der Chip dreimal neben den Napf gefallen ist, helfen Sie dem eifrigen Kerlchen, damit er ein Erfolgserlebnis hat. Sobald der Sittich die Übung verstanden hat, vergrößern Sie den Abstand zwischen Vogel und Napf.

Ein Häppchen zum **Trainingsbeginn**

Beginnen Sie jede Trainingseinheit mit einem besonderen Leckerchen, das Ihnen der Sittich möglichst aus der Hand nehmen sollte. So schaffen Sie eine positive Atmosphäre und fördern die Bereitschaft Ihres Vogels, mit Ihnen zu trainieren. Locken Sie den Sittich etwas nach links oder rechts, damit er Ihrer Hand folgt. Jetzt ist er konzentriert, und Sie können gemeinsam starten.

DAS RETRIEVE auf der Stange ist eine Übung, die sich auch für nicht handzahme Sittiche eignet. Bieten Sie dem Vogel einen kleinen Plastikgegenstand an, den er in den Schnabel nehmen kann. Halten Sie ein kleines Gefäß unter das Tier und zeigen Sie ihm ein Leckerchen. Der Vogel wird den Gegenstand in das Gefäß fallen lassen, um den Happen zu erhalten. Sie müssen den Gegenstand mit dem Gefäß auffangen. Vergrößern Sie dann den Abstand zwischen dem Gefäß und dem Sittich.

DIE ÜBUNG »HIGH FOUR« dient zur Fußkontrolle: Bieten Sie dem Sittich einen Finger zum Aufsteigen an. Sobald er das Füßchen hebt, ziehen Sie den Finger zurück. Geben Sie gleichzeitig das Kommando »High Four« und bestätigen Sie mit einem Leckerchen. Wenn der Vogel das Anheben des Füßchens auf Kommando beherrscht, bestätigen Sie nur dann mit einem Leckerchen, wenn der Fuß hoch genug gehoben wurde.

FÜR DIE ÜBUNG »SHAKE HANDS« halten Sie den Finger so, dass der Vogel versucht, aufzusteigen. Bewegen Sie den Finger auf und ab und bestätigen Sie gleichzeitig mit einem Leckerchen.

Besondere Situationen

Bald sind aus den quirligen Vögeln feste Familienmitglieder geworden, die unseren Alltag bereichern. Routine bestimmt den Tagesablauf, doch was sollte man beachten, wenn auf einmal alles anders ist?

Urlaubs- oder Wochenendreise

Pflege zu Hause Meist sind Familienmitglieder oder Nachbarn über einen kurzen Zeitraum hinweg bereit, sich um die Vögel zu kümmern. Falls nicht,

gibt es professionelle Tiersitter für Heimvögel, die Ihre Lieblinge zu Hause in der gewohnten Umgebung sachkundig pflegen. Zweimal täglich sollte nach den Sittichen gesehen und Futter sowie Wasser gewechselt werden. Was den Vögeln hilft, die Zeit Ihrer Abwesenheit zu verkürzen, ist neben neuem Spielzeug auch ein leise eingestelles Radio.

Tierpension Wenn Sie Ihre Sittiche außer Haus in eine Tierpension bringen, sollten Sie sich vorab erkundigen, ob auch Vögel aus anderen Haltungen dort zu Gast sind und welche Vorsichtsmaßnahmen man gegen ansteckende Krankheiten getroffen hat.

Checkliste Egal, für welche Lösung Sie sich entscheiden, stellen Sie der betreuenden Person stets ein kurze Liste mit der Fütterungsroutine, der Telefonnummer des betreuenden Tierarztes sowie den Vorlieben und Ängsten Ihrer Sittiche zusammen. Wichtig sind auch Ihre Kontaktdaten am Urlaubsort und die einer weiteren Person Ihres Vertrauens, an die sich der Betreuende im Notfall wenden kann.

Vogel entflogen

Anders gestaltet sich die Situation, wenn ein Sittich durch ein geöffnetes Fenster oder eine geöffnete Tür entweicht. Die Vögel orientieren sich zum Licht und in die Höhe, und meist kann man nur noch erkennen, in welche Richtung der Sittich entflogen ist. Selbst sehr zahme Tiere kommen oft nicht zum Halter zurück, weil sie den Flug nach unten fürchten

Besonders Sittiche mit einer engen Bindung an den Halter trauern, wenn dieser längere Zeit fort ist. Sie benötigen dann einen besonders liebevollen und sachkundigen Pfleger.

Sittiche finden den Weg nach Hause nicht, wenn sie entweichen. Informieren Sie das Tierheim und Veterinäre in Ihrer Nähe.

Tod des **Sittichpartners**

TRAUERNDER SITTICH Der Tod des Partners kann bei Sittichen zu starken Verlustreaktionen führen. Besonders Katharinasittiche leiden in solchen Situationen und rufen stundenlang nach dem verschollenen Gefährten. Auch wenn es Ihnen schwerfällt, vergesellschaften Sie Ihren unglücklichen Sittich erst dann wieder, wenn Sie sicher sein können, dass die Todesursache des Partnervogels keine infektiöse Krankheit war.

NEUER PARTNER Vereinbaren Sie beim Kauf des neuen Vogels, dass dieser bei Unverträglichkeit der Tiere zurückgegeben oder gegen einen anderen Sittich getauscht werden kann. Nicht alle Vögel vertragen sich, und Sympathie lässt sich nicht planen.

und Angst haben. Besorgen Sie sich eine CD mit den Rufen Ihrer Sittiche oder noch besser: Nehmen Sie diese rechtzeitig daheim auf. Im Notfall beobachten Sie, in welche Richtung der Sittich geflogen ist, und versuchen Sie, ihn schnell zu finden. Spielen Sie die CD so laut wie möglich ab und bieten Sie Ihrem entflogenen Freund einen Käfig mit Futter und Wasser an, in den er klettern kann. Informieren Sie sich, welche Windrichtung zum Zeitpunkt des Entfliegens geherrscht hat, denn viele Sittiche sind sehr leicht und drehen in größerer Höhe in den Wind, um Kraft beim Fliegen zu sparen. Verfassen Sie Flugblätter mit einem Bild des Vogels und verteilen Sie sie an Orten, an denen viele Menschen zusammentreffen, z. B. in Apotheken und Bäckereien. Im Winter entkräften die Sittiche schnell und finden kaum etwas zu fressen. Im Sommer und Herbst kann es bisweilen mehrere Wochen dauern, bis Ihr gefiedertes Familienmitglied wieder auftaucht.

Abschied für immer

Sittiche können erstaunlich alt werden, dennoch ist ein Abschied unvermeidbar. Alte Vögel schlafen viel, fliegen kaum noch und ziehen sich häufiger zurück. Spüren Sie, dass der Tag des Abschiednehmens gekommen ist, richten Sie sich nach den Wünschen Ihres alten Gefährten. Viele Sittiche möchten nun allein sein, suchen dunkle und kühle Ecken auf und ziehen sich zurück. Respektieren Sie dieses Verhalten – Sie machen es Ihrem Tier damit leichter und sollten diese Form des Abschiednehmens nicht persönlich nehmen. Stirbt der Vogel plötzlich und unerwartet, so ist vermutlich eine Krankheit die Ursache gewesen. Wegen der Ansteckungsgefahr sollten Sie feststellen lassen, woran das Tier gestorben ist, damit die Partnervögel rechtzeitig vor dem gleichen Schicksal bewahrt werden können.

Die Inhalte dieses Buches beziehen sich auf die Bestimmungen des deutschen Tier- bzw. Artenschutzes. In anderen Ländern können die Angaben abweichend sein. Erkundigen Sie sich daher im Zweifelsfall bei Ihrem Zoofachhändler oder bei der entsprechenden Behörde.

Adressen

› Vereinigung für Artenschutz, Vogelhaltung und Vogelzucht e.V. (AZ), Postfach 1168, 71051 Backnang (nur schriftliche Anfragen), www.azvogelzucht.de
› Vereinigung für Zucht und Erhalt einheimischer und fremdländischer Vögel e.V. (VZE), Geschäftsstelle: Bornaische Straße 210, 04279 Leipzig, www.vze-online.net

Wichtiger Hinweis

› Bemerken Sie an einem Ihrer Sittiche Krankheitsanzeichen, sollten Sie ihn unverzüglich zu einem Tierarzt bringen.

› Einige Krankheiten der Sittiche sind auch auf den Menschen übertragbar. Weisen Sie Ihren Arzt auf Ihre Vogelhaltung hin. Das gilt vor allem, wenn bei Ihnen grippeähnliche Infekte auftreten.

› Manche Menschen reagieren mit Allergien oder Asthma auf Federn und Federstaub. Sind Sie unsicher, fragen Sie vor dem Kauf eines Sittichs Ihren Arzt.

› Deutscher Kanarien- und Vogelzüchter-Bund e.V. (DKB), Geschäftsstelle: Dieter Wirges, Oberdorf 19, 64572 Büttelborn, www.dkb-online.de
› Bundesverband für fachgerechten Natur- und Artenschutz e.V. (BNA), Ostendstr. 4, 76707 Hambrücken, www.bna-ev.de
› Der Blaue Kreis, Zoologische Gesellschaft Österreichs für Tier- und Artenschutz, Schadekgasse 6, A-1060 Wien, www.blauerkreis.at

Internet-Adressen

› www.papageien.de
Infoseite über Papageien
› www.birds-online.de
Infoseite über Sittichhaltung
› www.handicapvoliere.de
Anleitungen für Vogelzubehör
› www.papageien-training.de
Haltungsberatung und Training von Sittichen und anderen Papageien

Informationen über giftige Pflanzen finden Sie unter:
› www.giftpflanzen.ch
› www.botanikus.de

Fragen zur Haltung

beantworten Ihr Zoofachhändler und der Zentralverband Zoologischer Fachbetriebe Deutschlands e.V. (ZZF), Tel.: 0611/44 75 53 32 (nur telefonische Auskunft möglich: Mo 12–16 Uhr, Do 8–12 Uhr), www.zzf.de
Der ZZF hat einen bundesweiten Suchdienst für entflogene Vögel eingerichtet. Alle beringten Vögel können aufgrund der Fußringe identifiziert und ihrem Besitzer zugeordnet werden.

Literatur

› Forshaw, J.: Australische Papageien, Band 2. Arndt-Verlag, Bretten
› Hoppe, D.: Sittiche und Papageien. Ulmer Verlag, Stuttgart
› Schnabl, H.: Vogelfutterpflanzen. Arndt-Verlag, Bretten

Zeitschriften

› Papageien, Fachzeitschrift für die Haltung, Zucht und das Freileben der Sittiche und Papageien. Arndt-Verlag, Bretten
› WP-Magazin, Europas größte Zeitschrift für Vogelhalter. Arndt-Verlag, Bretten
› AZ-Vogelinfo. Zeitschrift für Mitglieder der AZ (→ Adressen). Verlag M. & H. Schaper, Hannover
› Der Vogelfreund. Fachzeitschrift des Deutschen Kanarien- und Vogelzüchter-Bunds (DKB). Hanke Verlag GmbH, Künzelsau
› Gefiederte Welt. Verlag Eugen Ulmer, Stuttgart

Dank

Der Dank von Autor und Verlag geht an Frau Nikolaus und Herrn Berndt mit Coco und Woody, Frau Sylvia Hensen mit einem Schwarm Katharinasittichen und Familie Hoffmann mit Hummel und Goliath.

Freude am Tier

Die neuen Tierratgeber – da steckt mehr drin

ISBN 978-3-8338-0866-1
64 Seiten

ISBN 978-3-8338-0595-0
64 Seiten

ISBN 978-3-8338-0521-9
64 Seiten

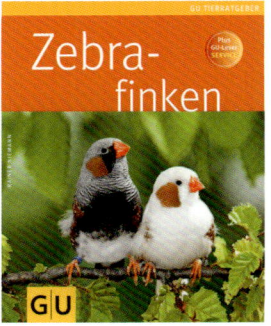

ISBN 978-3-8338-2150-9
64 Seiten

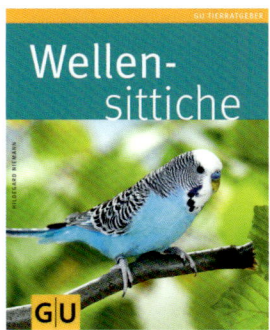

ISBN 978-3-8338-0592-9
64 Seiten

ISBN 978-3-8338-1202-6
64 Seiten

Änderungen und Irrtum vorbehalten.

Das macht sie so besonders:

Praxiswissen kompakt – vermittelt von GU-Tierexperten

Praktische Klappen – alle Infos auf einen Blick

Die 10 GU-Erfolgstipps – so fühlt sich Ihr Tier wohl

Willkommen im Leben.

IMPRESSUM

Unsere Garantie

Alle Informationen in diesem Ratgeber sind sorgfältig und gewissenhaft geprüft. Sollte dennoch einmal ein Fehler enthalten sein, schicken Sie uns das Buch mit dem entsprechenden Hinweis an unseren Leserservice zurück. Wir tauschen Ihnen den GU-Ratgeber gegen einen anderen zum gleichen oder ähnlichen Thema um.

Liebe Leserin und lieber Leser,

wir freuen uns, dass Sie sich für ein GU-Buch entschieden haben. Mit Ihrem Kauf setzen Sie auf die Qualität, Kompetenz und Aktualität unserer Ratgeber. Dafür sagen wir Danke! Wir wollen als führender Ratgeberverlag noch besser werden. Daher ist uns Ihre Meinung wichtig. Bitte senden Sie uns Ihre Anregungen, Ihre Kritik oder Ihr Lob zu unseren Büchern. Haben Sie Fragen oder benötigen Sie weiteren Rat zum Thema? Wir freuen uns auf Ihre Nachricht!

Wir sind für Sie da!
Montag–Donnerstag: 8.00–18.00 Uhr;
Freitag: 8.00–16.00 Uhr *(0,14 €/Min. aus dem dt. Festnetz/Mobilfunkpreise
Tel.: 0180-5 00 50 54*
Fax: 0180-5 01 20 54* maximal 0,42 €/Min.)
E-Mail:
leserservice@graefe-und-unzer.de

P.S.: Wollen Sie noch mehr Aktuelles von GU wissen, dann abonnieren Sie doch unseren kostenlosen GU-Online-Newsletter und/oder unsere kostenlosen Kundenmagazine.

GRÄFE UND UNZER VERLAG
Leserservice
Postfach 86 03 13
81630 München

© 2011
GRÄFE UND UNZER VERLAG GmbH, München
Alle Rechte vorbehalten. Nachdruck, auch auszugsweise, sowie Verbreitung durch Film, Funk, Fernsehen und Internet, durch fotomechanische Wiedergabe, Tonträger und Datenverarbeitungssysteme jeglicher Art nur mit schriftlicher Genehmigung des Verlages.

Projektleitung: Anne-Kathrin Wahler
Lektorat: Gerdi Killer, bookwise medienproduktion gmbh
Bildredaktion: Daniela Jelinek
Umschlaggestaltung und Layout: independent Medien-Design, Horst Moser, München
Herstellung: Anna Bäumner
Satz: Uhl + Massopust, Aalen
Reproduktion: Longo AG, Bozen
Druck: Firmengruppe APPL, aprinta druck, Wemding
Bindung: Firmengruppe APPL, sellier druck, Freising

Printed in Germany

ISBN 978-3-8338-2152-3

1. Auflage 2011

Umwelthinweis

Dieses Buch ist auf PEFC zertifiziertem Papier aus nachhaltiger Waldwirtschaft gedruckt. Um Rohstoffe zu sparen, haben wir auf Folienverpackung verzichtet.

Ein Unternehmen der
GANSKE VERLAGSGRUPPE

Der Autor

Rainer Niemann ist promovierter Zoologe und Vogelexperte. Seit über 30 Jahren hält er zusammen mit seiner Frau Kanarienvögel, Zebrafinken und verschiedene Papageienarten. Er arbeitet als leitender Redakteur, Buchautor, Lektor und Übersetzer. Seit vielen Jahren ist er als Autor für die Fachzeitschrift PAPAGEIEN tätig, an deren Herausgabe er maßgeblich beteiligt ist.

Der Fotograf

Oliver Giel hat sich auf Natur- und Tierfotografie spezialisiert und betreut mit seiner Lebensgefährtin Eva Scherer Bildproduktionen für Bücher, Zeitschriften, Kalender und Werbung. Mehr über sein Fotostudio finden Sie unter www.tierfotograf.com.
Die Fotos in diesem Buch stammen von Oliver Giel, mit Ausnahme von:
Juniors: 11-1, 12-1, 13-1

Syndication:
www.jalag-syndication.de